中等职业学校以工作过程为导向课程改革实验项目
楼宇智能化设备安装与运行专业核心课程系列教材

火灾自动报警及消防联动控制系统运行与管理

魏 星 杜玉新 主编

机 械 工 业 出 版 社

本书是北京市教育委员会实施的“北京市中等职业学校以工作过程为导向课程改革实验项目”楼宇智能化设备安装与运行专业核心课程系列教材之一，依据北京市教育委员会与北京教育科学研究院组织编写的“北京市中等职业学校以工作过程为导向课程改革实验项目”楼宇智能化设备安装与运行专业教学指导方案和专业核心课程“火灾自动报警及消防联动控制系统运行与管理”课程标准，并参照相关国家职业标准和行业职业技能鉴定规范编写而成。

本书主要内容包括三个学习单元：火灾自动报警系统的安装与运行、消防联动控制系统的安装与运行、消防设备的检查与火灾应急事件的处理。

本书可作为职业院校、技工院校楼宇智能化设备安装与运行专业、建筑电气工程、物业管理等专业的教学用书，也可以作为智能楼宇消防系统方面的培训教材。

为方便教学，本书配有电子课件，凡选用本书作为教材的院校，可登录 www.cmpedu.com 免费注册、下载。

图书在版编目（CIP）数据

火灾自动报警及消防联动控制系统运行与管理/魏星，杜玉新主编.—北京：机械工业出版社，2018.3（2025.1 重印）

中等职业学校以工作过程为导向课程改革实验项目　楼宇智能化设备安装与运行专业核心课程系列教材

ISBN 978-7-111-59340-9

Ⅰ.①火…　Ⅱ.①魏…　②杜…　Ⅲ.①火灾自动报警-自动控制系统-中等专业学校-教材　Ⅳ.①TU998.1

中国版本图书馆 CIP 数据核字（2018）第 043535 号

机械工业出版社（北京市百万庄大街 22 号　邮政编码 100037）
策划编辑：赵红梅　责任编辑：高　倩　张利萍
责任校对：张　薇　责任印制：单爱军
北京虎彩文化传播有限公司印刷
2025 年 1 月第 1 版第 14 次印刷
184mm×260mm · 8.25 印张 · 192 千字
标准书号：ISBN 978-7-111-59340-9
定价：27.00 元

凡购本书，如有缺页、倒页、脱页，由本社发行部调换

电话服务
服务咨询热线：010-88379833
读者购书热线：010-88379649

网络服务
机 工 官 网：www.cmpbook.com
机 工 官 博：weibo.com/cmp1952
教育服务网：www.cmpedu.com
金 书 网：www.golden-book.com

北京市中等职业学校以工作过程为导向课程教材编写委员会

楼宇智能化设备安装与运行专业教材编写委员会

编写说明

为更好地满足首都经济社会发展对中等职业人才的需求，增强职业教育对经济和社会发展的服务能力，北京市教育委员会在广泛调研的基础上，深入贯彻落实《国务院关于大力发展职业教育的决定》及《北京市人民政府关于大力发展职业教育的决定》文件精神，于2008年启动了“北京市中等职业学校以工作过程为导向课程改革实验项目”，旨在探索以工作过程为导向的课程开发模式，构建理论实践一体化、与职业资格标准相融合，具有首都特色、职教特点的中等职业教育课程体系和课程实施、评价及管理的有效途径和方法，不断提高技能型人才培养质量，为北京率先基本实现教育现代化提供优质服务。

历时五年，在北京市教育委员会的领导下，各专业课程改革团队学习、借鉴先进课程理念，校企合作共同建构了对接岗位需求和职业标准，以学生为主体、以综合职业能力培养为核心、理论实践一体化的课程体系，开发了汽车运用与维修等17个专业教学指导方案及其232门专业核心课程标准，并在32所中职学校、41个试点专业进行了改革实践，在课程设计、资源建设、课程实施、学业评价、教学管理等多方面取得了丰富成果。

为了进一步深化和推动课程改革，推广改革成果，北京市教育委员会委托北京教育科学研究院全面负责17个专业核心课程教材的编写及出版工作。北京教育科学研究院组建了教材编写委员会和专家指导组，在专家和出版社编辑的指导下有计划、按步骤、保质量完成教材编写工作。

本套教材在编写过程中，得到了北京市教育委员会领导的大力支持，得到了所有参与课程改革实验项目学校领导和教师的积极参与，得到了企业专家和课程专家的全力帮助，得到了出版社领导和编辑的大力配合，在此一并表示感谢。

希望本套教材能为各中等职业学校推进课程改革提供有益的服务与支撑，也恳请广大教师、专家批评指正，以利进一步完善。

北京教育科学研究院

前言

本书是北京市教育委员会实施的“北京市中等职业学校以工作过程为导向课程改革实验项目”楼宇智能化设备安装与运行专业系列教材之一，依据北京市教育委员会与北京市教育科学研究院组织编写的“北京市中等职业学校以工作过程为导向课程改革实验项目”楼宇智能化设备安装与运行专业指导方案和专业核心课程“火灾自动报警及消防联动控制系统运行与管理”课程标准，并参照相关国家职业标准和行业技能鉴定规范编写而成。

随着智能建筑行业的发展，国家对各行业的消防措施都进行了强制性的规定。因此，将火灾自动报警及消防联动控制纳入楼宇自动化系统中进行直接控制是一种必然趋势，它肩负着保护建筑设备及人员和财产安全的重要责任。由于此行业的特殊性，因此需要相关人员必须具备相应的专业技能和素养。为了满足人才需求，适应行业人才需求的现状，特编写本书。

本书以提升学生的综合职业能力为目标，采用了理实一体化的教学方法，体现了工作过程为导向的教学模式，教材设计了火灾自动报警系统的安装与运行、消防联动控制系统的安装与运行、消防设备的检查与应急事件的处理三个学习单元。单元中的每一个项目、任务都是遵循所对应消防工作岗位中具有典型、关键及具有普适性的原则选取的，同时结合消防行业的发展情况，融入了新的知识、理念、国家及行业的标准，使学生能够适应当今消防行业的工作岗位需求。

本书由魏星、杜玉新主编并对全书进行统稿。其中学习单元一由魏星、王艳花、许侠负责编写，学习单元二由郑小红、李美凝、吉恒、冯春林负责编写，学习单元三由王连风、邵德安、王琰负责编写，此外参与本书编写的还有权福苗、杨珍老师。

在本书编写过程中得到了北京市电气工程学校校长刘淑珍女士的大力支持，北京市电气工程学校教学校长吕彦辉负责审阅了全书。

鉴于编者的水平有限，书中不足之处在所难免，恳请读者批评指正，可通过 E-mail 联系我们：975059598@qq.com。

编　者

目录 CONTENTS

UNIT 1

学习单元一

火灾自动报警系统的安装与运行

单元描述

火灾自动报警系统是由触发器件、火灾警报装置、火灾报警控制器以及具有其他辅助功能的装置组成的。它能够在火灾初期，将燃烧产生的烟雾、热量和光辐射等物理量，通过感温、感烟和感光等火灾探测器变成电信号，传输到火灾报警控制器，并同时显示出火灾发生的部位，记录火灾发生的时间。

本学习单元包含三个项目：火灾自动报警系统管线的敷设和相关设备的安装、火灾自动报警系统的调试和火灾自动报警系统的值机与运行。通过理论知识的学习，结合实际安装旅馆中的火灾自动报警系统，掌握火灾自动报警系统中系统消防管线的敷设；探测器、手动报警按钮、警铃等器件的安装位置选择和安装；火灾自动报警系统运行与值机。施工图见附录。

项目一 火灾自动报警系统管线的敷设和相关设备的安装

※项目描述※

应某旅馆负责人要求，在其旅馆内安装一套火灾自动报警系统并实现初始火灾的自动预警（文件见附录）。此系统在旅馆发生火灾时，旅馆负责人能够在第一时间知道发生火灾的具体位置，第一时间通知旅馆住宿人员、旅馆工作人员进行安全撤离。

※项目分析※

火灾自动报警系统（图1-1）的作用是在火灾初期，将燃烧产生的烟雾、热量、火焰等物理量，通过火灾探测器变成电信号，传输到火灾报警控制器，并同时以声或光的形式通知着火层及上下邻层疏散，控制器记录火灾发生的部位、时间等，使人们能够及时发现火灾，并及时采取有效措施，扑灭初期火灾，最大限度地减少因火灾造成的生命和财产的损失。结合旅馆的要求和旅馆实际情况，需要从以下两个方面着手去安装火灾自动报警系统：

1）火灾报警系统的管线敷设。

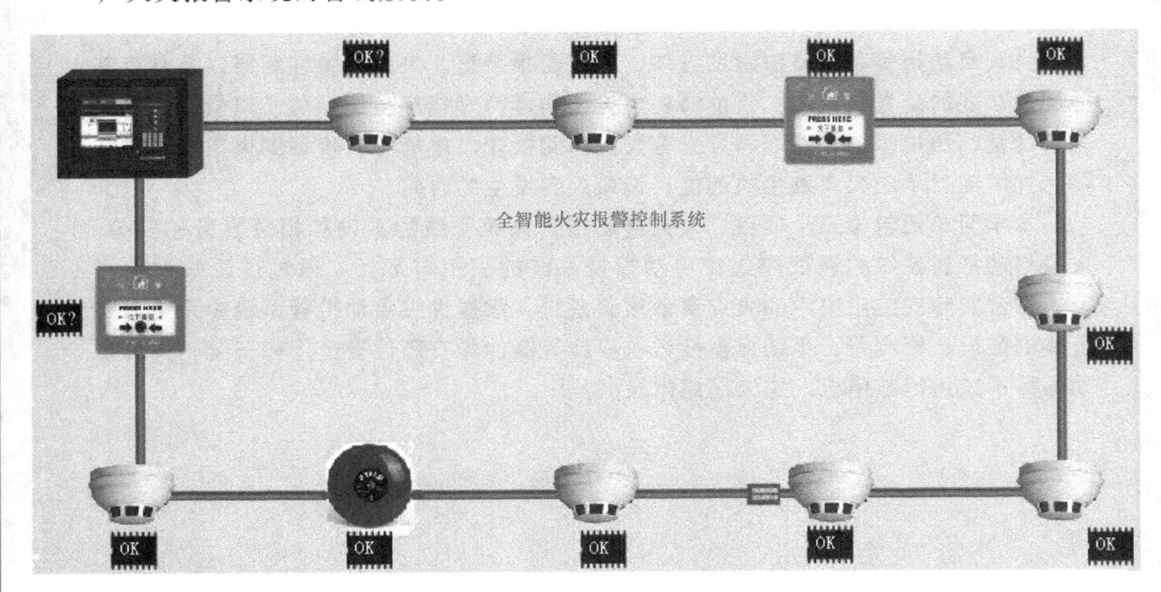

图1-1　火灾自动报警系统

2）火灾报警系统设备的安装与接线。

结合附录图 A-1 识读图样，要求每个旅馆房间安装感烟探测器一个、感温探测器一个；走廊每隔一段距离安装手动报警按钮一个、感烟探测器一个；走廊合适位置安装报警警铃一个；在消防控制室内安装火灾报警控制器一台。具体要求如图 1-2 所示。

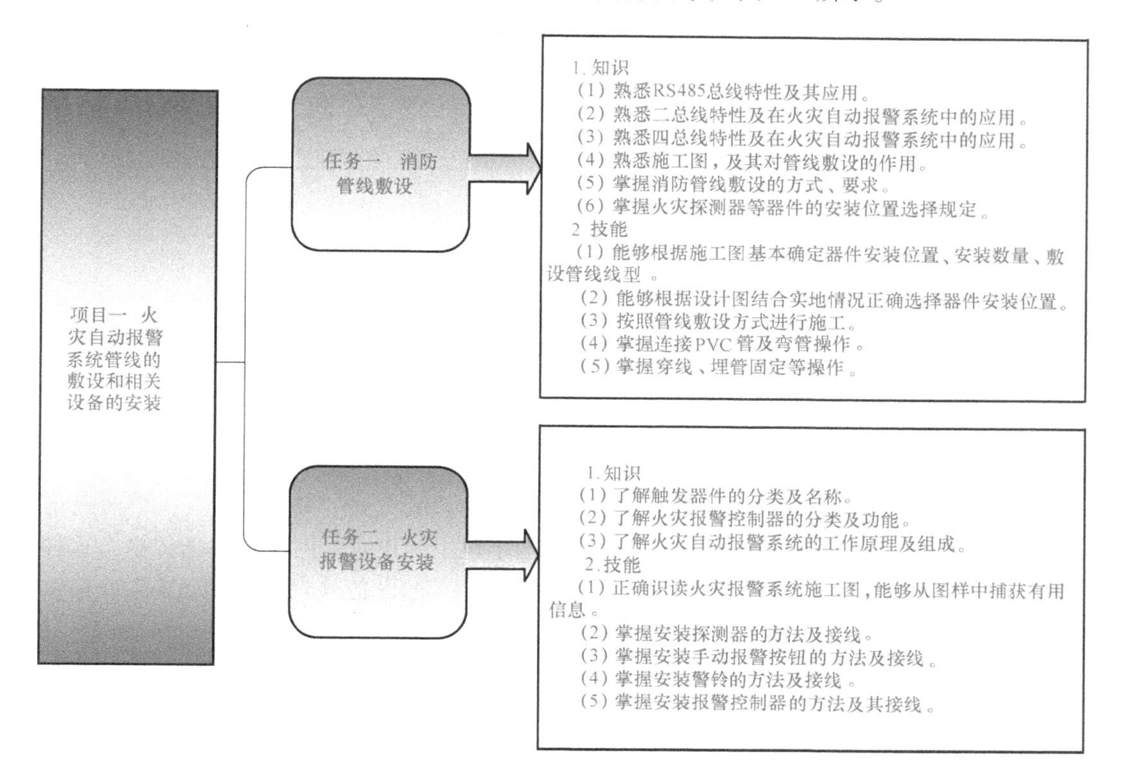

图 1-2 项目一分析

任务一 消防管线敷设

※任务描述※

完成火灾自动报警系统中管线的敷设工作，要求根据施工图中各个设备的安装位置，正确完成线槽、线管的安装，导线的穿线及线路的测试工作。

※任务分析※

正确敷设管线是保障系统正常运行的基础之一，首先需要识读施工图（图样文件见附录），明确各个设备、器件的安装位置，然后根据现场实际情况进行开槽、安装线槽线管等工作，最后进行导线的穿管和测试。这就需要我们能够正确识读图样，根据图样设计导线的走向，然后依据导线的走向进行槽、管的安装；最后使用万用表对线路进行测试，保障线路的导通，避免出现短路和断路现象。在管线敷设任务中我们按照图 1-3 所示流程完成管线敷设任务。

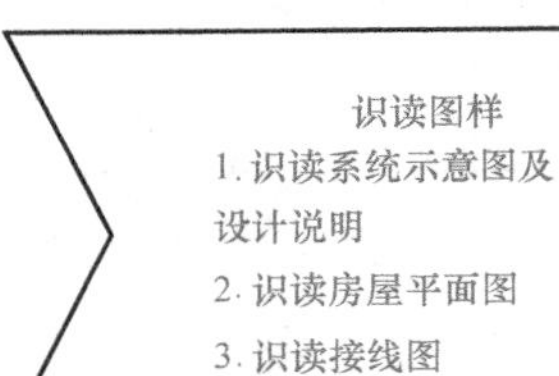

图 1-3　管线敷设流程

※相关知识※

一、RS485 总线

1. 简介

RS485 是一种用于设备联网的、经济型的传统工业总线方式。485 通信是一个对通信的硬件描述，它只需要两根通信线，即可在两个或两个以上的设备之间进行数据传输。这种数据传输的连接，是半双工的通信方式。在某一个时刻，一个设备只能进行发送数据或接收数据的操作。RS485 的特点如下：

1）RS485 的电气特性：采用差分信号；负逻辑，即以两线间的电压差为 2～6V 表示逻辑“0”；以两线间的电压差为-(2～6)V 表示逻辑“1”。

2）RS485 接口是采用平衡驱动器和差分接收器的组合，抗共模干扰能力增强，即抗噪声干扰性好。

3）RS485 最大的通信距离约为 1219m，最大传输速率为 10Mbit/s，传输速率与传输距离成反比，在 100kbit/s 的传输速率下，才可以达到最大的通信距离，如果需传输更长的距离，需要加 485 中继器。RS485 总线一般最大支持 32 个节点，如果使用特制的 485 芯片，可以达到 128 个或者 256 个节点，最大的可以支持到 400 个节点。

4）RS485 接口在总线上允许连接多达 128 个收发器，即具有多站能力，这样用户可以利用单一的 RS485 接口方便地建立起设备网络。

2. RS485 在消防系统中的运用

消防报警系统中经常用到 RS485 通信线，它用双绞线走线，输出电平为 5V。探测器作为与主机通信的器件，不仅需要接通信线而且需要供电，而 RS485 双绞线的负载输出电平不足以驱动探测器，所以如果用 RS485 作为通信总线则必须要外接 24V 电源总线给探测器供电。

3. RS485 串口通信

RS485 串口通信（表 1-1）与 RS232 串口通信方法一样，主要注意通信协议（串口握手协议）是否正确即可。通信协议可以自定义，主要包括波特率、串口端口、停止位和分隔符。波特率是串口通信中最主要的参数，它表示每一秒串口与主机通信时所传输的字符帧数。

表 1-1　RS485 串口示意表

外形	针脚	符号	输入/输出	说明
	1	DCD	输入	数据载波检测
	2	RXD	输入	接收数据
	3	TXD	输出	发送数据
	4	DTR	输出	数据终端准备好
	5	GND	—	信号地
	6	DSR	输入	数据装置准备好
	7	RTS	输出	请求发送
	8	CTS	输入	允许发送
	9	RI	输入	振铃指示

二、二总线

1. 简介

二总线（图 1-4）也是消防总线的一种，将供电线与信号线合二为一，实现了信号和供电共用一个总线的技术。二总线节省了施工和线缆成本，给现场施工和后期维护带来了极大的便利。它在消防、仪表、传感器和工业控制等领域得到了广泛的应用。典型二总线技术有 M-BUS、消防总线、POWERBUS 等。它具有以下特点：

（1）总线可供电　二总线可为现场设备供电，无须再布设电源线。

（2）抗干扰能力更强　二总线抗干扰能力强，对现场施工布线更容易、更可靠，也更节省人工和施工费用。

（3）通信距离远　二总线通信距离可以达到 1000m（可靠值）甚至 3000m，无需中继器。

（4）无极性接线　在一个区域网络中（几百个子站）的应用中，一旦接反其中一个子站，检查起来极为费时费力。而二总线接线无极性，不会产生此类问题。

（5）灵活布线拓扑　二总线可灵活布线，支持星形、树形、总线型拓扑。

（6）线缆要求低　二总线技术抗干扰能力很强，对线缆要求大大降低。

2. 二总线在消防系统中的应用

消防系统中，例如火灾探测器需要外接电源总线和通信总线，以往的火灾自动报警控制系统均采用的是分线制。在这种系统中，每只探测器和报警控制器之间都分别需要 2~4 根连线。

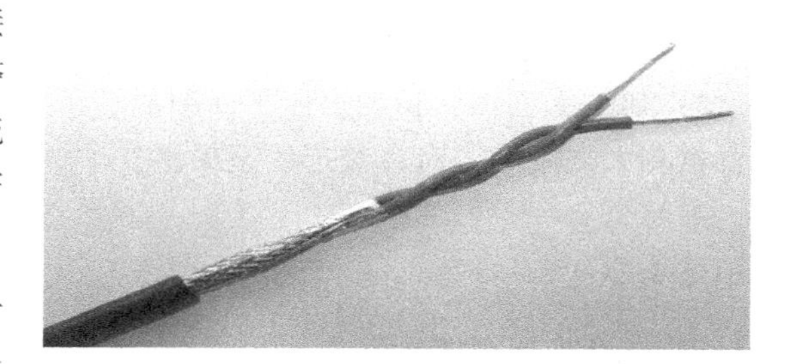

图 1-4　二总线双绞线

利用二总线可以省去电源总线，因为二总线的输出电平在 25V 左右，既能实现通信又能实现探测器器件驱动，而且二总线能够实现挂载器件的自动编码。温馨提示：消防二总线在实际工程中一般走双绞线模式而不是平行线模式。

三、四总线

1. 简介

四总线总共有 P、T、S、G 四根线：一对电源线，一对信号线。四总线的特点如下：

1）P 和 G 分别为电源线和公共地线。

2）T 和 S 分别为信号输入和信号诊断线，信号诊断线能够保证信号传输干扰更小。

3）负载和通信能力强。

因为四总线中有一对电源线和一对报警信号线，做到了干扰隔离，所以四总线的负载能力和通信能力都比二总线要强。

2. 四总线在消防系统中的运用

走线接线比较繁冗，在实际大型工程中四总线已经逐渐被二总线接线方式所代替，但是在小型消防控制系统中，由于四总线具有相对二总线较稳定的特点，所以还在继续使用中（图 1-5）。由于本任务工程相对较小，但又要具有很好的稳定性，故选取四总线的方式。

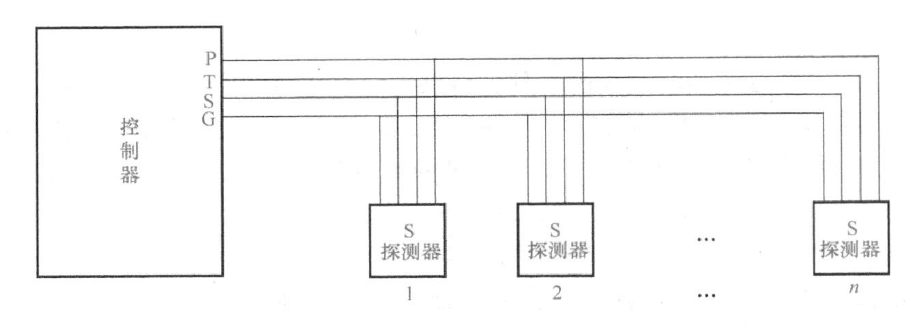

图 1-5　四总线连接

四、识读图样及产品说明

设计图作为设计工程师设计意愿的表述，施工人员只有认真阅读设计图样才能够做到正确敷设线路及安装。与安装不同，敷设线路时对阅读图样的要求比较低，只需要看示意图，了解整个报警系统的工作流程及报警系统包含的模块即可。

1）设计说明：概述了整个系统的功能。了解系统功能能够帮助施工人员敷设线路。

2）接线图的图线标注：仔细对比接线图中的图线与图线注释，清楚接线用导线规格。

3）房屋平面图：识读房屋平面图能够帮助施工人员了解房屋结构，对各种器件的安装位置也有大概了解，对布线走线至关重要。

温馨提示：一般先看系统示意图，了解系统组成情况。在本项目任务二中将具体阐述如何识读图样。

五、消防管线敷设

消防管线敷设原则：在火灾自动报警系统的安装过程中，线路敷设方式（表 1-2）的选择是一个重要环节。火灾自动报警系统的布线是将系统各组件连接成系统的主要手段，应引起足够的重视。

表 1-2　线路敷设方式的标注

序号	名称	标注文字符号		序号	名称	标注文字符号	
		新标准	旧标准			新标准	旧标准
1	暗敷设	C	A	9	明敷设	E	M
2	穿焊接钢管敷设	SC	G	10	用钢索敷设	M	S
3	穿电线管敷设	MT	T	11	直接埋设	DB	无
4	穿硬塑料管敷设	PC	P	12	穿金属软管敷设	CP	F
5	穿阻燃半硬聚氯乙烯敷设	FPC	无	13	穿塑料波纹电线管敷设	KPC	无
6	电缆桥架敷设	CT	CT	14	电缆沟敷设	TC	无
7	金属线槽敷设	MR	GC	15	混凝土排管敷设	CE	无
8	塑料线槽敷设	PR	XC	16	瓷绝缘子或瓷柱敷设	K	CP

1. 选择标准

系统的传输线路和供电电压在 50V 以下的控制线路，应采用耐压不低于 250V 的铜芯绝缘导线或电缆。交流 380V/220V 供电的交流用电设备线路，应采用耐压不低于交流 500V 的铜芯绝缘导线或电缆。

系统传输线路的线芯截面积除应满足负载电流的要求外，还应满足机械强度的要求。对电源、消防控制等线路线芯截面积的选择，应做回路压降容许值验算，同时应考虑到火灾过程中由于温度上升引起的导体电阻的增加。

2. 线路的敷设方式

一般原则如下：

1）在火灾自动报警系统中，任何用途的导线都不允许架空敷设。

2）屋内线路的布线设计，应遵循路线短捷，安全可靠，减少与其他管线交叉跨越，避开环境条件恶劣场所，并便于施工、维护等原则。

3）系统布线应注意避开火灾时有可能形成“烟囱效应”的部位。

3. 保护方式

系统传输线路采用绝缘导线时，应采取穿金属管、阻燃型硬质塑料管或封闭式线槽保护。

4. 布线技术要求

1）统一布线时，应充分了解产品的布线要求，结合建筑防火分区和房间特征与布局以及探测器设置部位，做到合理布线。

2）导线的连接必须做到十分可靠。一般应经过接线端子连接，小截面导线绞接后应烫锡处理。各端子箱内宜选择带锡焊接点或压接的端子板，其接线端子上应有标号。

3）除探测信号传输线可按普通线路布线施工外，对电源线路、消防设备的控制线路、警报与通信线路等都有防火、耐热处理要求。当系统为综合同一回路或通道时，线路的布线应以满足较高要求的条件处理。

4）火灾自动报警系统导线敷设完毕后，应用 500V 绝缘电阻表测量绝缘电阻，每条回路对地绝缘电阻不应小于 20MΩ。

六、安装位置规定

火灾自动报警系统中每一个器件都对火灾报警起到至关重要的作用，所以每一个器件的安装位置都值得考究，不能随意安装，火灾报警系统各个器件的安装位置应该符合《火灾自动报警系统设计规范》。

1. 点型火灾探测器

点型火灾探测器是最常见的火灾探测器，具有性能优良、安装方便、价格低廉等优点。点型火灾探测器的安装位置一般居中固定在建筑物内部顶部，点型火灾探测器屋内安装示意图如图 1-6 所示。

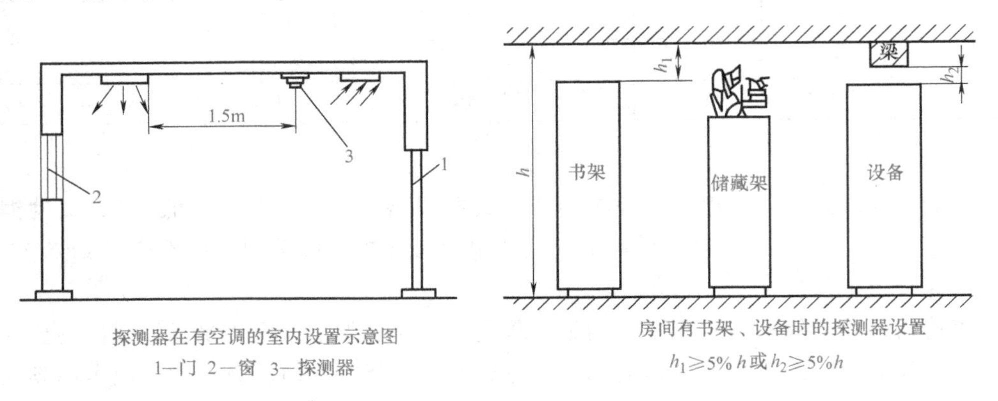

图 1-6 点型火灾探测器屋内安装示意图

表 1-3 中的情况为点型感烟探测器在“人”字屋檐情况下位置选择的参考标准。

表 1-3 火灾探测器安装高度选择

探测器的安装高度 h/m	感烟火灾探测器下表面至顶棚或屋顶的距离 d/mm					
	顶棚或屋顶坡度 θ					
	$\theta \leqslant 15°$		$15° < \theta \leqslant 30°$		$\theta > 30°$	
	最小	最大	最小	最大	最小	最大
$h \leqslant 6$	30	200	200	300	300	500
$6 < h \leqslant 8$	70	250	250	400	400	600
$8 < h \leqslant 10$	100	300	300	500	500	700
$10 < h \leqslant 12$	150	350	350	600	600	800

2. 防爆探测器

防爆探测器又称红外光束感烟探测器，其安装位置一般在房屋墙壁两端，如图 1-7 所示。

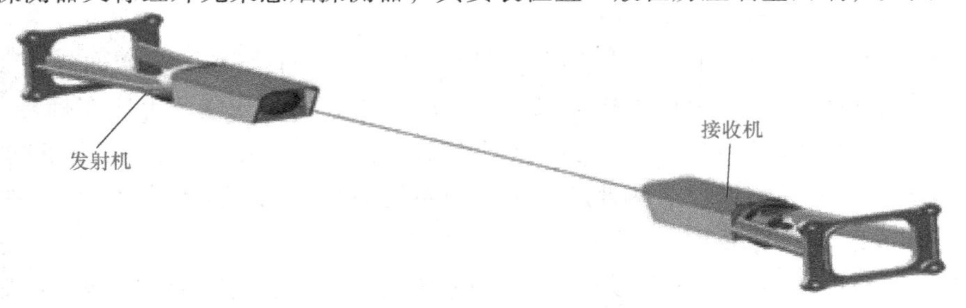

图 1-7 防爆探测器安装示意图

※任务实施※

任务实施步骤见表 1-4。

表 1-4　任务实施步骤

步　　骤	具体内容	说　　明
机具材料准备	旅馆一层平面图（附录图 A-2）、消防系统示意图、设计说明、系统接线图（附录图 A-3） PVC 管及套件、各类线缆、施工工具	1. 安装五金工具及仪表、切割机、常用电工箱 2. PVC 管及套件、金属管及套件、阻燃半硬聚氯乙烯管、入盒接头 3. 线缆、铜芯双绞线、铜芯塑料绝缘导线等
识读图样	1. 系统示意图 2. 设计说明 3. 接线图注释 4. 房屋一层平面图	敷设线路时识读图样主要是为了了解以下几点： 1. 通过示意图了解系统概况及系统组成 2. 通过设计说明了解系统功能 3. 接线图注释标注有线路导线型号 4. 通过房屋平面图了解房屋结构，基本掌握布线走向及各个器件安装的大概位置
安装前准备	根据阅读图样说明准备以下几点： 1. 电源线 BV（$2\times2.5mm^2$）线型：导线截面积 $2.5mm^2$ 2. 报警总线：RVS 线型 3. 敷设线缆：阻燃半硬聚氯乙烯管 4. 敷设位置及方式：WC、CC，暗敷	1. 设计过程中用何种电源线需要仔细考虑，根据实际需求出发，电源线应该和负载功率匹配（电源线过细、负载过大，电源线易发热软化，存在安全隐患，电源线过粗浪费材料） 2. 这里用的是四总线，四总线适合小型报警系统，性能稳定，电源线和信号线独立，不容易出故障 3. 实际工程中为了美观，信号线及电源线均考虑暗敷设。任务中我们也采用暗敷设，总线如果选用明敷设，则套管应该选择金属管
	师傅点拨：为安全起见，在管线敷设前必须断开电源总开关，不可带电施工	
安装位置确定	1. 探测器安装位置 $<a/2$　a　a 探测器布置在内走道的顶棚上	敷设线路前先确定各个器件的安装位置，通过房屋平面图已经对安装位置有了大概了解，需要根据实际结构及国标对安装位置进行修正

（续）

步　骤	具体内容	说　明
安装位置确定	楼梯间位置 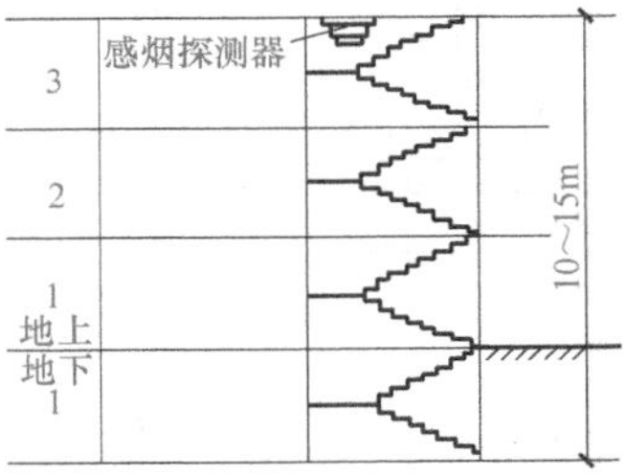 感烟探测器 3 2 1 地上 地下 1 10～15m 楼梯间火灾探测器的安装位置 2. 确定手动报警按钮的位置 3. 确定警铃安装位置 4. 确定控制主机位置	1. 根据《火灾自动报警系统设计规范》第6.2.4条，在宽度小于3m的内走道顶棚上设置点型探测器时，宜居中布置。感温火灾探测器的安装间距不应超过10m；感烟火灾探测器的安装间距不应超过15m；探测器至端墙的距离，不应大于探测器安装间距的一半 2. 根据房屋平面图及《火灾自动报警系统设计规范》第6.3和6.5条的规定确定安装位置 3. 自动报警主机一般安装在控制室内
管线敷设	敷设方式：CC沿顶棚暗敷设  WC沿墙面暗敷设 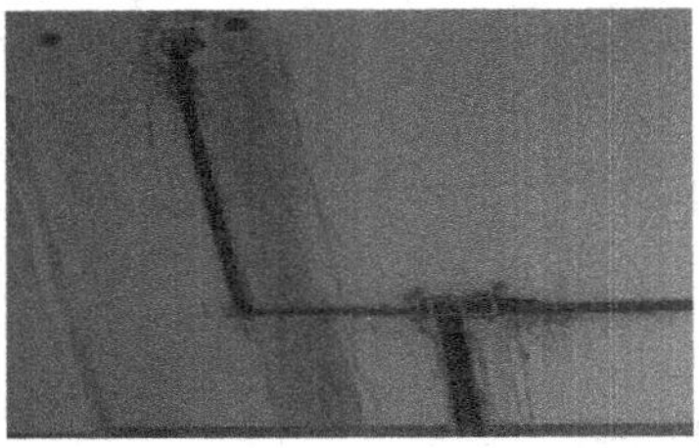 1. 开槽 	1. 根据《火灾自动报警系统设计规范》第11.2.3条，线路暗敷设时，宜采用金属管、可挠（金属）电气导管或B1级以上的刚性塑料管保护，并应敷设在不燃烧体的结构层内，且保护层厚度不宜小于30mm；线路明敷设时，应采用金属管、可挠（金属）电气导管或金属封闭线槽保护。矿物绝缘类不燃性电缆可明敷设 2. 火灾自动报警系统用的电缆竖井，宜与电力、照明用的低压配电线路电缆竖井分别设置。如受条件限制必须合用时，两种电缆应分别布置在竖井的两侧 3. 根据《火灾自动报警系统设计规范》第10.2.1条，火灾自动报警系统的传输线路应采用穿金属管、经阻燃处理的硬质塑料管或封闭式线槽保护方式布线 4. 开槽时先用内六角扳手调节切割机切割片之间的距离，直至合适，然后在墙上画出切割路径，切割机上电切割。切割时根据切割机转速来判断压力大小是否合适，切割完成后，用铁杵凿开水泥墙面即可
	师傅点拨：切割开槽的时候要做好安全防护工作：戴口罩，防止吸入灰尘；戴防护眼镜，防止细小水泥颗粒溅入眼中	

（续）

步　骤	具体内容	说　明
管线敷设	2. 制作 PVC 管 接线盒与 PVC 管连接：从接线盒、线槽等处引到探测器底座盒、控制设备盒、扬声器箱的线路均应加金属软管保护  PVC 之间连接如下图  1）清洁管材承插接口两端之内外壁，检查插口是否已倒角  2）取出橡胶圈擦干净再予以套入  3）在橡胶密封圈表面及插口前端涂抹润滑剂(通常用肥皂水等)，在插口上标上插入深度标记  4）将插口插入承口(小口径管可用人力插入，中、大口径管应利用拉力器插接) 弯管 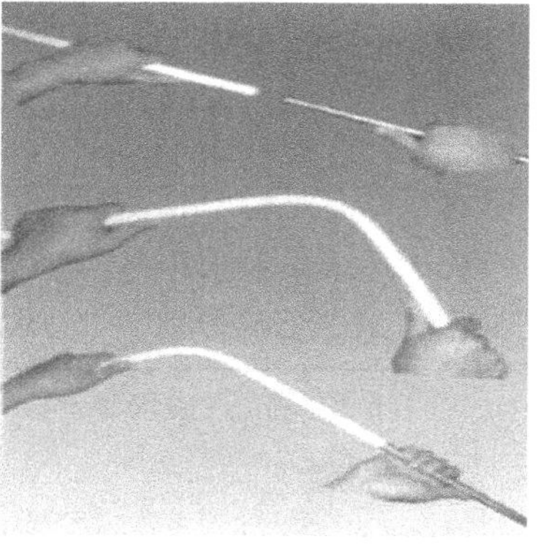	5. PVC 管与接线盒连接的时候用螺钉旋具戳掉图中圆孔塑料片，再把入盒接头插入圆孔中，PVC 管涂上胶水后插入接头（不要转动），15s 左右连接完成。PVC 管与 PVC 管间的连接可以用连接头实现，如果没有连接头可以用大一号的 PVC 管段代替（实际工程中经常使用） 6. 弯管在 PVC 管敷设中是必不可少的，弯管分为冷弯管和热弯管。对于口径较小的 PVC 管可采用冷弯，过程如左图所示，弯管一定要放入弯管弹簧才行，一般以膝关节为支点缓慢用力，不可用力过度，否则会损坏 PVC 管 7. 穿线就是把导线穿进 PVC 套管内，穿线前要仔细检查以下两点： 1）PVC 管内壁是否有积水 2）PVC 管内壁是否有毛刺破损

（续）

步骤	具体内容	说明
管线敷设	3. 穿线 火灾探测器的传输线路，宜选择不同颜色的绝缘导线或电缆。正极“+”线应为红色，负极“-”线应为蓝色。同一工程中相同用途导线的颜色应一致，接线端子应有标号 4. 测通断 5. 埋管 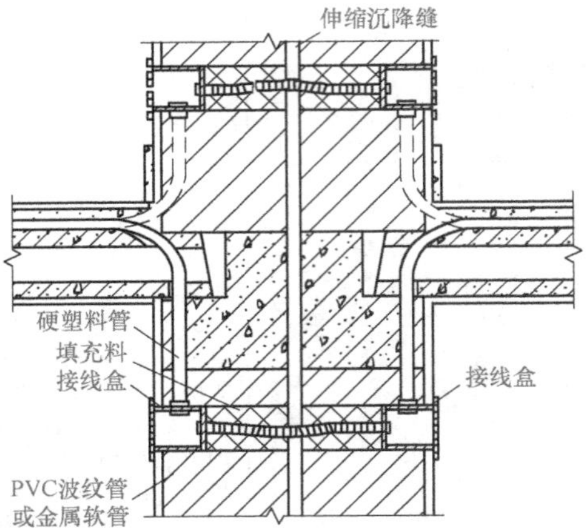  每埋一段 PVC 管就固定一段，埋管完成后需要对每根管线进行标注以方便日后维护	8. 测通断。完成穿线后用万用表的二极管档测量导线两端是否导通 9. 最后需要把完成测试的 PVC 管线埋入事先开好的槽内，预埋接线盒位置端正不歪斜。如果敷设碰到伸缩沉降缝，则需要在伸缩沉降缝的位置重新接一个接线盒并固定（为了方便日后维护），如果要安装的系统比较成熟，则埋管后可以直接用水泥浇筑接线盒 PVC 管
	师傅点拨：埋管的时候应该一段一段埋，如果发现 PVC 管不能笔直放置，应考虑把关键位置的槽口开大	

任务实施中的技能点

布线具体要求如下：

第一，不同系统，不同电压等级、不同电流类别的线路，不应穿于同一根管内或线槽的同一槽孔内。

第二，横向（水平方向）敷设的报警系统传输线路如采用穿管布线时，不同防火分区的线路不宜穿入同一根管内（但传输线路若采用总线制布线时可不受此限制）。

第三，竖向敷设的导线在配电线竖井敷设时，强电线路与弱电线路应分别设置配电竖井。如受条件限制必须合用时，弱电与强电线路应分别布置在竖井内的两侧。这样是为了尽可能给线路的运行、维护和管理创造方便，减少强、弱电相互间的影响。

第四，火灾探测器的传输线路宜选择不同颜色的绝缘导线。同一工程中相同用途的绝缘导线颜色应一致，接线端子应有标号。

第五，建筑物内消防系统的线路宜按楼层或防火分区分别设置配箱。当同一系统不同类别或不同电压的线路在同一配箱内时，应将不同电流类别和不同电压等级的导线分别接于不同的端子上，且各种端子板应做明确的标志和隔离。

第六，从接线盒、线槽等处引至探测器底座盒、控制设备盒、扬声器箱等的线路应加金属软管保护。

第七，管内导线的根数不做具体规定，暗敷时以管径的大小不影响混凝土楼板的强度为准。穿管绝缘导线或电缆的总截面积，不应超过管内截面积的40%。敷设于封闭式线槽内的绝缘导线或电缆的总截面积，不应大于线槽的净截面积的50%。

第八，布线使用的非金属材、线槽及其附件，应采用不燃或非延燃性材料制成，并取得市场准入证明。

第九，消防系统的传输网络不应与其他系统的传输网络合用。

※任务检测※

任务检测内容见表1-5。

表1-5　任务检测内容

检测任务	检测内容	检测标准
识读图样	能够通过读施工图从中了解以下几点： 1. 自动报警系统的组成 2. 房屋结构 3. 待安装器件数量	1. 了解自动报警系统由哪几个部分组成 2. 了解房屋结构，包括房间的数量、房间布局、走廊房间尺寸参数 3. 必须数清楚系统由多少个器件组成（预埋盒数量）
安装准备	1. 电源线准备 2. PVC管的准备 3. 敷设位置及方式	1. 电源线准备：截面积为2.5mm^2的铜芯绝缘导线 2. PVC管的准备：阻燃半硬聚氯乙烯管，内径15mm 3. 敷设位置及方式：WC、CC 总线作为线路敷设中最主要的敷设线路，其总线选型都由设计人员确定，施工人员不能更改。系统的传输线路采用50V以下供电的控制线路，应采用耐压不低于250V的铜芯绝缘导线或电缆。交流380V/220V用电设备的供电线路，应采用耐压不低于交流500V的铜芯绝缘导线或电缆

（续）

检测任务	检测内容	检测标准
安装位置确定	能够通过施工图结合实际房屋结构完成以下几点： 1. 探测器安装位置选择 2. 手动报警按钮安装位置选择 3. 警铃安装位置确定 4. 报警主机安装位置确定	1. 能够依据图样正确选取各个设备、器件的安装位置 2. 根据房屋平面图可以基本确定安装位置，再结合房屋实际结构进行适当调整，业内验收标准详见任务实施中《火灾自动报警系统设计规范》第 6.2、6.3、6.5 条的规定
管线敷设	1. 按敷设方式敷设线路 2. 使用切割机铁杵正确开槽 3. 正确连接 PVC 管及预埋接线盒 4. 穿线（穿线前 PVC 管检查） 5. 正确使用万用表测通断 6. 埋管固定	1. 管线敷设线路符合设计图样 2. 开槽尺寸要求：宽度比管外径大 10mm 左右，槽深不小于管外径加 15mm。墙体水平开槽长度不超过 80mm（防止破坏墙体结构安全） 3. 不同系统、不同电压类别的线路，不应穿于同一根管内（或同一线槽内） 4. 应清除管内积水、污物，保证管内畅通。穿线应严格按照工艺规程进行，不得损伤绝缘层。导线敷设应顺直，不得挤压、背扣、扭结和受损；导线敷设时管口必须上好护口圈，接头不得在线管内

任务二　火灾报警设备安装

※任务描述※

本任务中要完成火灾自动报警系统各个模块的安装。要能够按照施工图的要求，正确选择探测器等模块，并能够按照图样中的位置结合设备说明书，将其正确安装在相应位置上。

※任务分析※

正确安装系统中的各个设备是火灾自动报警系统能够正常运行的基础，所以在任务完成过程中首先需要认真细致地识读系统施工图（附录图 A-2、图 A-3），明确设备的安装位置以及安装要求；其次要对所需设备进行清点，阅读设备说明书，明确设备的相关参数以及安装注意事项，对于某些特殊设备还需要对设备一个一个地进行检查，防止出现设备损坏等情况的发生，确保安装过程顺利实施；按照说明书中的安装方法和安装要求结合实际情况进行安装；最后对安装完成的设备进行检查。火灾报警设备安装流程如图 1-8 所示。

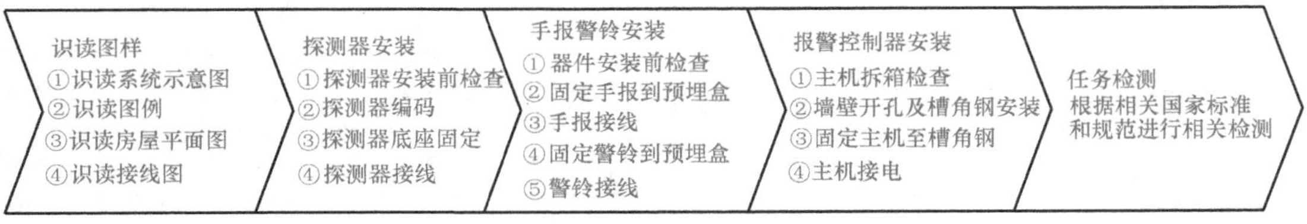

图 1-8　火灾报警设备安装流程

※相关知识※

火灾报警系统分为区域报警系统、集中报警系统、控制中心报警系统三种形式。系统通过现场设置感烟、感温、燃气、火焰、空气采样、缆线型感温、红外光束等各类探测器，消防控制室（火灾报警控制器）实时接收各类传感器、手动报警按钮返回的信息，火灾报警控制器通过对返回的各个参数进行分析然后判断是否发生火灾并进行报警。

一、触发器件

工程中把各类环境探测器叫作触发器件，包括普通感烟型探测器、温度传感器、红外光束感烟探测器、火焰传感器和手动报警按钮等。

1）按设备对所感应的物理量不同可分为温度探测器、感烟型探测器、火焰探测器等。

2）按设备对现场信息的采集原理分为离子探测器、光电型探测器和线性探测器。

3）按设备在现场的安装方式分为点型探测器、线型探测器和红外光束探测器。

下面对不同种类的触发装置进行简单介绍：

（1）感烟探测器　响应警戒范围内某一点或某一线路周围烟雾浓度的探测器。由于它能探测物质燃烧初期所产生的气溶胶或烟雾离子浓度，因此有的国家称其为“早期发现”探测器。图 1-9 所示为感烟探测器。

（2）感温探测器　响应警戒范围内某一点或者某一线路周围温度变化的探测器，其原理为通过温度的变化改变金属薄片的膨胀系数，使触点闭合从而发出报警信号。图 1-10 所示为感温探测器。

图 1-9　感烟探测器

图 1-10　感温探测器

（3）感光探测器　又称为火焰探测器，是一种响应火焰辐射出的红外线、紫外线和可见光的火灾探测器，通过不同感光种类的光敏元件驱动报警输出电路。图 1-11 所示为感光探测器。

（4）手动火灾报警按钮（以下简称报警按钮）　安装在公共场所，当人工确认火灾发生后按下报警按钮上的有机玻璃片，可向控制器发出火灾报警信号，控制器接收到报警信号后，显示出报警按钮的编码信息并发出报警声响。本报警按钮采用按压报警方式，通过机械结构进行自锁，可减少人为误触发现象。图 1-12 所示为手动火灾报警按钮。

图 1-11　感光探测器

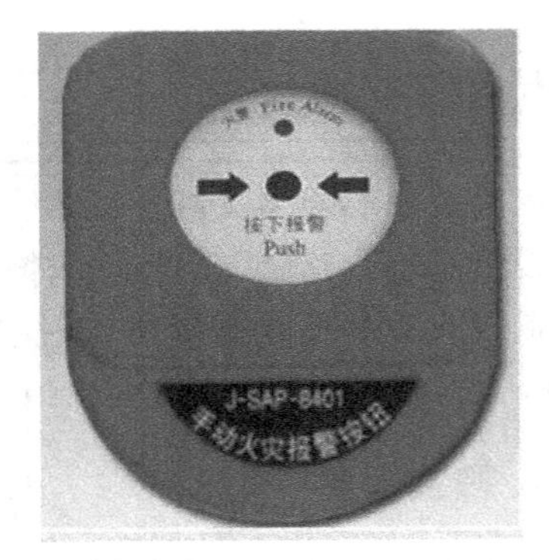

图 1-12　手动火灾报警按钮

二、火灾报警控制器

火灾报警控制器（图 1-13）是火灾自动报警控制系统的核心设备，它可以单独作为火灾报警使用，也可与自动灭火系统联动，组成自动报警控制系统，本书所说的火灾自动报警控制器是单独作为火灾自动报警使用。对于火灾自动报警系统来说它是核心设备，直接连接火灾探测器以及手动报警按钮，处理各种报警信息，并将报警信息传输给声光报警器并使其发出警报。

图 1-13　火灾报警控制器

1. 火灾报警控制器的工作原理

火灾自动报警控制器一般是由火警部位记忆显示学习单元、自检学习单元、总火警和故障报警学习单元、电子钟、电源、充电电源以及与集中报警控制器相配合时需要的巡检学习单元等组成的。区域报警控制器有总线制区域报警器和多线制区域报警器之分；此外还有壁挂式、立柜式和台式三种。区域报警控制器可以在一定区域内自成独立的火灾报警系统，也可以与集中报警控制器连接起来，组成大型火灾自动报警系统，并作为集中报警控制器的一个子系统。

（1）电源部分　电源部分承担主机和探测器供电的任务，是整个控制器的供电保证环节，输出功率要求较大，大多采用线性调节稳压电路，在输出部分增加相应的过电压、过电流保护。线性调节稳压电路具有稳压精度高、输出稳定的特点，但存在电源转换效率相对较低，电源部分热损耗较大，影响整机的热稳定的特点。

（2）主机部分　主机部分承担着对火灾探测源传来的信号进行处理、报警及中继的作用。从原理上讲，无论是区域报警控制器，还是集中报警控制器，都遵循同一工作模式，即收集探测源信号→输入学习单元→自动监控学习单元→输出学习单元。同时，为了使用方便、增加功能，主机部分增加了辅助人机接口——键盘、显示部分、输出联动控制部分、计算机通信部分、打印机部分等。

2. 火灾报警控制器的基本功能

（1）主、备电源　在控制器中备有充电电池，在控制器投入使用时，应将电源盒上的主、备用电源开关全打开。当主电网有电时，控制器自动利用主电网供电，同时对电池充电；当主电网断电时，控制器会自动切换改用电池供电，以保证系统的正常运行。在主电源供电时，面板主电源显示灯亮，时钟正常显示时分值。备用电池供电时，备用电池指示灯亮，时钟只有秒点闪烁，无时分显示。

（2）火灾报警　当接收到探测器、手动报警开关、消火栓报警开关及输入模块所配接的设备发来的火警信号时，均可在报警器中报警。火灾指示灯亮并发出火灾变调音响，同时显示首次报警地址号及总数。

（3）故障报警　系统在正常运行时，主控单元能对现场设备（如探测器、手动报警开关等）、控制器内部的关键电路及电源进行监视，一有异常，立即报警。报警时，故障灯亮并发出长音故障音响，同时显示地址号及型号（不同型号的产品报警地址编号不同）。

（4）时钟显示锁定　系统中时钟的走时是通过软件编程实现的，并显示年、月、时、分值。每次开机时，时分值从“00 00”开始，月日值从“01 01”开始，所以需要调校。当有火警或故障时，时钟显示锁定，但内部能常走时；火警或故障一旦恢复，时钟将显示实际时间。

（5）火警优先　在系统存在故障的情况下出现火警，则报警器能由报故障自动转变为报火警，而当火警被清除后又自动恢复报原有故障。当系统存在某些故障而又未被修复时，会影响火警优先功能。电源故障、当本部探测器损坏时本部位出现火警、总线部分故障（如信号线对地短路、总线开路与短路等）等情况均会影响火警优先。

（6）调显火警　当火警报警时，数码管显示首次火警地址，通过键盘操作可以调显其他的火警地址。

（7）自动巡检　报警系统长期处于监控状态，为提高报警的可靠性，控制器设置了检查键，供用户定期或不定期进行通电模拟检查。处于检查状态时，凡是运行正常的部位均能向控制器发回火警信号。只要控制器能收到现场发回来的信号并做出报警反应，则说明系统处于正常的运行状态。

（8）自动打印　当有火警、部位故障或有联动时，打印机将自动打印记录火警、故障或联动的地址号。此地址号与显示地址号一致，并打印出故障、火警、联动的时间（月、日、时、分值）。当对系统进行手动检查时，如果控制正常，则打印机自动打印正常（OK）。

（9）测试　控制器可以对现场设备信号电压、总线电压、内部电源电压进行测试。通过测量电压值，判断现场部件、总线、电源等正常与否。

（10）阈值设定　报警阈值（即提前设定的报警动作值）对于不同类型的探测器其大小不一，目前报警阈值是在控制器的软件中设定。这样，控制器不仅能提供智能化、高可靠的火灾报警，而且可以按各探测部位所在应用场所的实际情况，灵活方便地设定其报警阈值，以便更加可靠地报警。

三、火灾警报装置

在火灾自动报警系统中，用以发出区别于环境声、光的火灾警报信号的装置称为火灾警报装置。火灾警报器是一种最基本的火灾警报装置，通常与火灾报警控制器组合在一起，它以声、光音响方式向报警区域发出火灾警报信号，以警示人们采取安全疏散、灭火救灾等措施。警铃是另一种火灾警报装置，用于将火灾报警信号进行声音中继的一种电气设备，警铃大部分安装于建筑物的公共空间部分，如走廊、大厅等。

四、识读图样

安装图样是对报警系统的各个器件之前的一种关系描述方法，正确识读安装图样才能做到正确安装系统安装图。系统安装图中包含图例、系统示意图、系统接线图。

※任务实施※

任务实施步骤见表 1-6。

表 1-6　任务实施步骤

步　骤	具体内容	说　明
机具材料准备	准备完成任务所需的材料和设备： 1. 完整的设计安装图(附录图 A-2、图 A-3)，包括系统示意图、系统图例、系统接线图、房屋三视图 2. 厂商配备的安装用系统器件包括各种探测器、手动报警按钮、主机等 3. 安装工具：剥线钳、电烙铁、螺钉旋具等电工用具	工程中，完成任务的第一步就是准备任务实施过程中所需的所有机具材料，这是保障任务正常进行的基础
识读图样	系统示意图及系统概述：了解系统实现功能及各器件间的关系。 识读步骤： 1. 先识读网络示意图，通过网络示意图可以大概了解整个报警系统 2. 理清网络示意图中各个器件之间的关系，包括主机、地址与器件的通信方式(系统网络示意图器件框与框之间的连线上标注有通信方式) 3. 识读完网络示意图后再仔细阅读设计说明。设计说明中概述了整个系统的工作原理和功能、器件的型号和参数、通信方式、最优布线方式和接地注意事项等 (1)示例图及设备材料表。	当系统比较简单的时候，系统示意图、电路接线图、设计说明会放到一起 本系统中利用报警总线作为通信线(复杂的火灾自动报警系统用 RS485 总线作为通信总线) 识读本系统接线图： ①报警总线线型：RVS-2×10mm²/SC20 电源总线线型：BV-2×2.5mm²/SC20 消防广播总线：BV-2×1.5mm²/SC20 消防电话总线：RVVP-2×1.0mm²/SC20 ②火灾报警控制器每个回路连接感烟探测器一个、温度探测器一个

（续）

步　骤	具体内容	说　明
识读图样	了解图样中图例代表的实物器件，了解图例是为了给正确识读房屋平面图和接线图做准备的，接线图中的每一个器件都能在图例中找到，图例说明接线图中的符号代表的具体器件 （2）接线图：了解系统接线。 1）对照图例仔细分辨每个元器件 2）接线电路图会对比较重要的线路和电路模块进行文字说明，仔细阅读这些文字说明能够帮助我们正确接线并重视接线过程中需要注意的事项（如模块中对探测器和某个元器件的接线要求和安装要求） （3）房屋平面图是由设计单位根据用户实际情况所设计的施工图，识读房屋平面图主要需了解以下几点： 1）房屋布局（房间数、房屋结构、房屋尺寸大小） 2）探测器安装数量及位置 3）手动报警按钮安装位置及数量 4）消防电源线、报警总线走线 5）火灾报警控制主机安装位置	③手动报警按钮可以直接作为报警信号输出反馈给控制器，又能直接作为输出控制警铃和警灯进行火灾报警
	师傅点拨：如果图样中通信线走的是RS485总线，则需要注意转换器，如果串口用转换器转换，则必须选择有源转换器，线路必须走双绞线，否则会影响主机通信	
安装探测器	1. 做好开箱检查记录，器件材料检查 2. 探测器编码，用编码器给探测器编码或者用拨码开关进行手动编码。8位拨码开关如下图  3. 探测器底座固定，在顶棚预埋盒或者支架上放入两颗M4螺钉中心距50~90mm，把底座固定到螺钉上 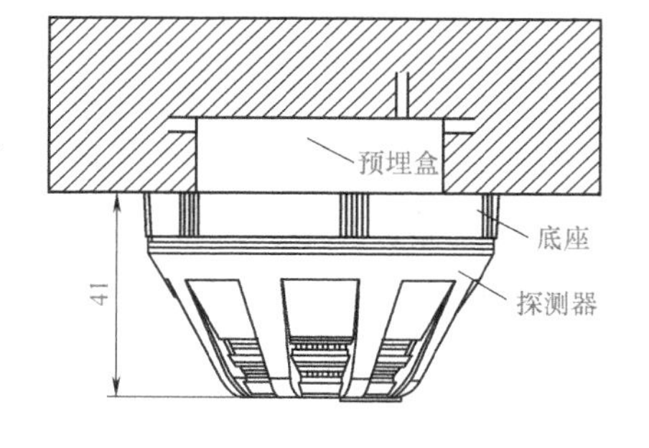 	1. 工程所用材料型号、规格、数量、质量在施工前应进行检查，资料应齐全。无出厂质量合格证明材料或与设计不符者不得在工程中使用 2. 工程中用的是四线式感烟探测器（俗称双进双出），红线和蓝线分别接DC 24V正极和负极；黄线和黑线为信号线，分别接到门灯正负极。接线完成后进行绝缘处理，将探测器旋入底座中即可 3. 根据《火灾自动报警系统设计规范》第6.2.14条，应考虑探测器的探测视角及最大探测距离，避免出现探测死角，可以通过选择探测距离长、火灾报警响应时间短的火焰探测器，提高保护面积要求和报警时间要求

（续）

步　　骤	具体内容	说　　明
安装探测器	4. 探测器接线安装，工程中用的四线感烟探测器如下 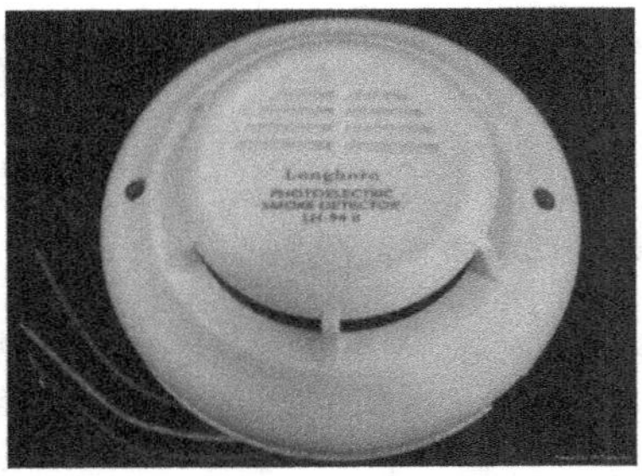 红线和蓝线为一组（24V 电源线）黄线和黑线为一组（报警总线） 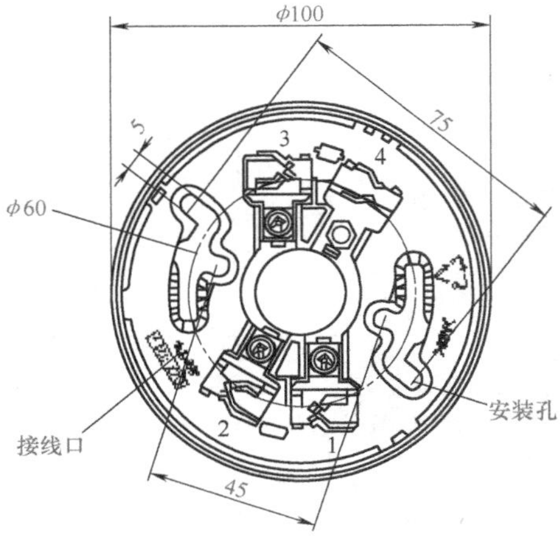 图中 1、2、3、4 代表的 P、G、T、S，详见说明书	注：施工安装前先关闭电源总开关，登高安装时要戴安全帽。使用冲击钻进行作业时，需要戴防护手套及防护眼镜
	师傅点拨： ①接线前保证敷设的线路总电阻小于 70Ω，如果>70Ω，则换用线径更大的导线 ②探测器相互之间的串并联方式和电子电路一样 ③当碰到两线探测器的时候只需要接红线和蓝线即可 ④对于多芯信号铜线，必须先涮锡后再接线	
安装手动报警按钮	1. 检查器件 2. 接线端口的分辨与识别。手动报警按钮如下图 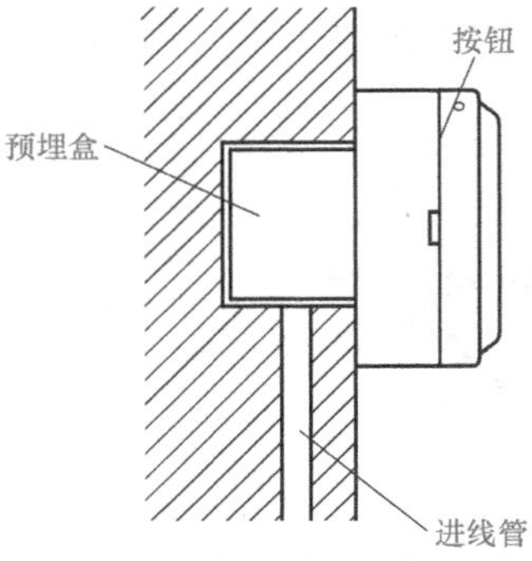 进线管暗装方式	1. 手动报警按钮的固定方法和探测器相同，都是用 M4 螺钉固定在预埋盒上 2. 手动报警按钮接线时须参照说明书，了解每一对端子在实物中的位置 3. 信号总线和反馈信号线需要与报警主机相连 4. 启动输出线可以与警铃、报警灯、电话系统相连

（续）

步　　骤	具体内容	说　　明
安装手动报警按钮	3. 手动报警按钮的接线 一般有4对接线端子：一对DC 24V电源线、一对总线、一对启动输出线、一对反馈信号线 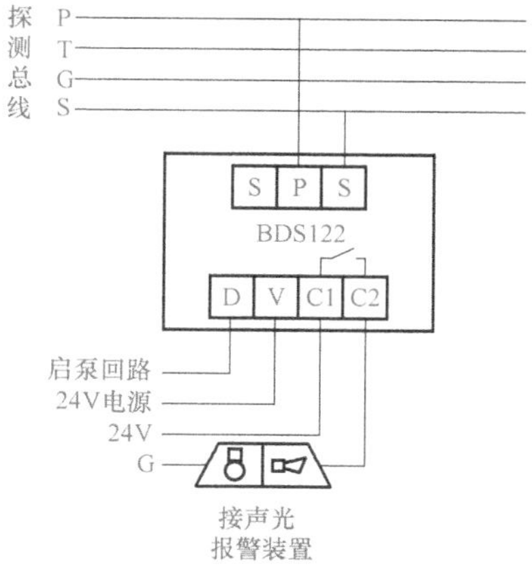 探测总线 P T G S S P S BDS122 D V C1 C2 启泵回路 24V电源 24V G 接声光报警装置	
	师傅点拨：为了便于调试、维修，手动报警按钮外接导线，应留有10cm以上的余量	
安装警铃及报警灯	相对于探测器和报警按钮，警铃和报警灯的结构和原理要简单很多 警铃结构如下图，红线为电源"+"极，黑线为电源"-"极。用M4螺钉固定在预埋盒上安装就完成了 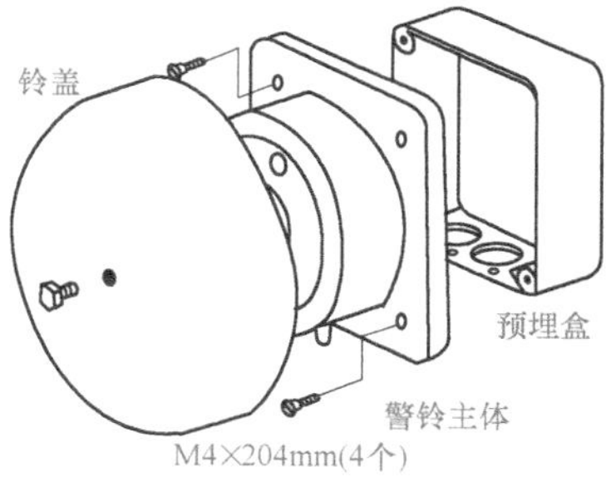 铃盖 预埋盒 警铃主体 M4×204mm(4个)	安装时请注意： 1. 根据《火灾自动报警系统设计规范》第6.3.1条，从一个防火分区内的任何位置到邻近的一个手动报警按钮的步行距离不应大于30m 2. 安装警铃和报警灯的位置一般选择在通道口附近 3. 报警灯的安装方式同警铃。根据《火灾自动报警系统设计规范》第6.5.1条，火灾自动警报器应设置在每个楼层的楼梯口、消防电梯前室、建筑内部拐角等处的明显部位，且不宜与安全出口指示标志灯具设置在同一面墙上
安装报警主机	1. 主机拆机检查 2. 根据说明书确定该系统采用壁挂式主机，需要安装槽角钢 槽角钢安装如图 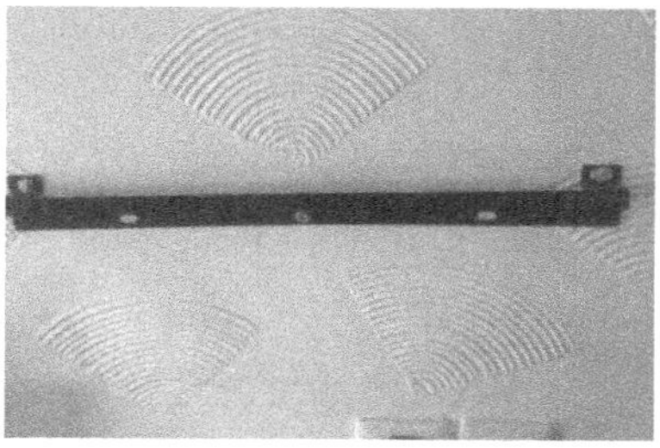	1. 检查主机合格证、主机外观是否完好、主机配件是否齐全 2. 用电钻在墙壁上打孔，用M6螺钉固定住槽角钢，再用水泥浇筑洞孔 3. 主机电源应该使用消防电源，防止在火灾发生时掉电

（续）

<table>
<tr><th>步　骤</th><th>具体内容</th><th>说　明</th></tr>
<tr><td rowspan="2">安装报警主机</td><td>主机固定，用螺栓把主机固定到槽角钢上即可
3. 主机电源线接入
4. 备用电源安装
备用电源一般为蓄电池，其安装详见主机说明书
5. 主机接地保护
用接地一端夹住主机金属外壳，另一端接到控制室专用地线上即可</td><td></td></tr>
<tr><td colspan="2">师傅点拨：主机接地应采用≥$16mm^2$ 的铜芯绝缘软导线。用电钻打孔的时候钻头不能歪斜，施加压力不宜过大，电钻速度降低时应降低压力</td></tr>
<tr><td>报警控制设备接线</td><td>1. 校线和测绝缘通断
根据图样认真校对布线是否正确，要用万用表遥测线路通断，用绝缘电阻表测线路绝缘
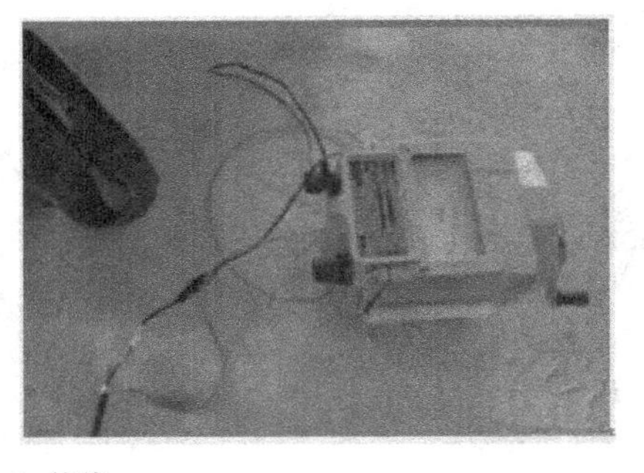
2. 接线
端子压接和焊接。压接是替代焊接的一种新兴的连接方式，端子压接示意图如下
线缆导体延伸至端子的过渡区，绝缘层进入压接区
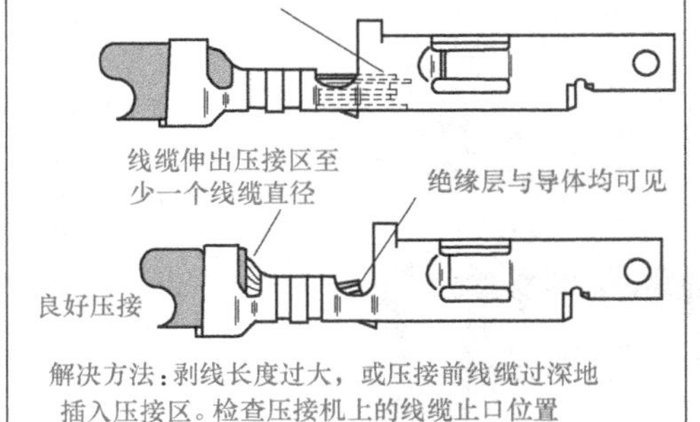
</td><td>1. 仔细阅读接线图，校对布线是否正确，着重看正负电源线是否连接正确，用线颜色是否一致
2. 通断的检测，主要用万用表完成。通断检测把万用表旋钮旋到 ⏄ 档，红、黑表笔分别接导线两端，如果万用表响，则表示线路通，反之，线路断开，需检查
3. 绝缘检测：测得两导线间的电阻不得小于 0.5MΩ，否则为线路绝缘不合格
4. 每一个接线端子必须标号，标号要求清楚准确不褪色，以方便日后维护
5. 接线压接要牢固紧密，排线应整齐美观，应按电压等级、用途、电流类别分别绑扎成束，固定牢固</td></tr>
</table>

（续）

步　骤	具体内容	说　明
报警控制设备接线	3. 接线标码和整理 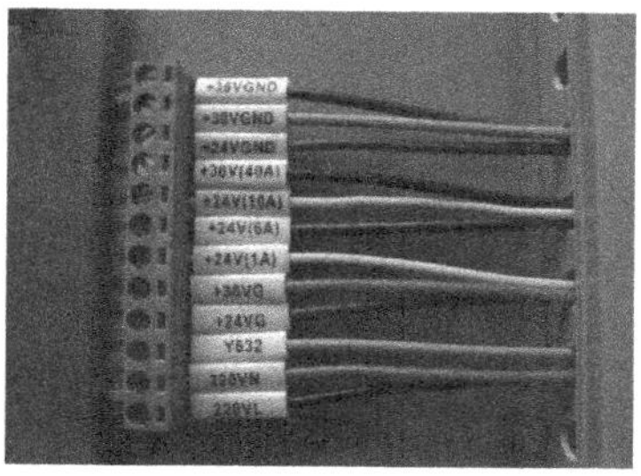	
	师傅点拨：用压线钳压接的时候不要用力过度，否则会导致多芯导线断裂损伤	

※任务检测※

任务检测内容见表 1-7。

表 1-7　任务检测内容

检测任务	检测内容	检测标准
识读图样	能够准确捕捉图样中包含的信息： 1. 消防报警系统中器件的主从关系 2. 图样中图例代表的名称 3. 报警系统中导线的规格	能够准确快速地从施工图中读出所需的信息，明确图样中的图例符号的含义，知道图样中对于设备、导线等的要求
安装前准备	1. 导线准备 2. 做到各个器件开箱检查 3. 正确完成器件编码	1. 能够根据图样，正确选取 BV（2×2.5mm^2）用于电源总线；RVS（2×1.0mm^2）用于报警总线 2. 能够检查各个器件的好坏 3. 能够按照一定顺序完成器件编码
探测器安装	1. 安装位置选择合理 2. 通过阅读探测器说明书了解待安装探测器 3. 探测器接线正确 4. 安装美观牢固不倾斜	1. 位置选择规范： 1）安装于房间顶部并居中 2）探测器距离墙边、梁边水平距离不应小于 0.5m 2. 能够阅读说明书，确定以下几点：探测器安装及接线、技术参数、工作环境 3. 安装完成后探测器应不松动，无裸露电线在外面
手动报警按钮安装	1. 安装位置选择 2. 手动报警按钮的安装 3. 手动报警按钮接线正确	1. 根据《火灾自动报警系统设计规范》，手动报警按钮底边距地高度宜为 1.3~1.5m 2. 通过阅读说明书，能够确定手动报警按钮的安装方法、接线方法、技术指标（手动报警按钮工作电压、手动报警按钮工作环境），识别手动报警按钮接线端口 3. 手动报警按钮应安装牢固，不得倾斜

（续）

检测任务	检测内容	检测标准
警铃安装	1. 安装位置选择 2. 警铃、警灯安装正确	安装位置宜设在走道靠近楼道出口处，安装应牢固不得倾斜
主机安装	1. 主机拆箱检查 2. 通过阅读说明书熟悉主机参数 3. 主机安装位置选择 4. 主机安装固定	1. 主机拆箱检查，核对清单（厂家是否有漏发） 2. 阅读说明书，了解主机功能、安装接线，口述主机工作电压及工作环境 3. 火灾报警控制器在墙上安装，其底边距地面≥1.5m；落地安装，其机柜基础宜高出地面0.1～0.2m 4. 报警控制器主电源引入线，应直接与消防电源相连接。禁止使用插头连接，主电源应有明显标志
设备接线	1. 通断检测，正确使用绝缘电阻表和万用表 2. 各个器件与主机间、器件与器件间接线	1. 每一接线端子标注编号或符号都应清晰、准确，不易褪色，符合设计图样系统回路的用途 2. 每个接线端子上的接线为一根，不得超过两根，接线压接要牢固紧密，排线应整齐美观，应按电压等级、用途、电流类别分别绑扎成束，固定牢固，芯线无损伤且受力正确 3. 每个端子压接焊接合适，标码清楚无误

项目二
火灾自动报警系统的调试

※项目描述※

在项目一中我们已经完成了报警系统敷设线路及系统安装，为了能够使火灾自动报警系统投入正常使用，此项目中需要完成火灾自动报警系统的检测调试工作，主要工作包括：

1）线路绝缘检测和系统接地电阻检测。

2）火灾自动报警系统器件单体调试。

3）火灾自动报警系统整体调试。

具体工作内容如图 2-1 所示。

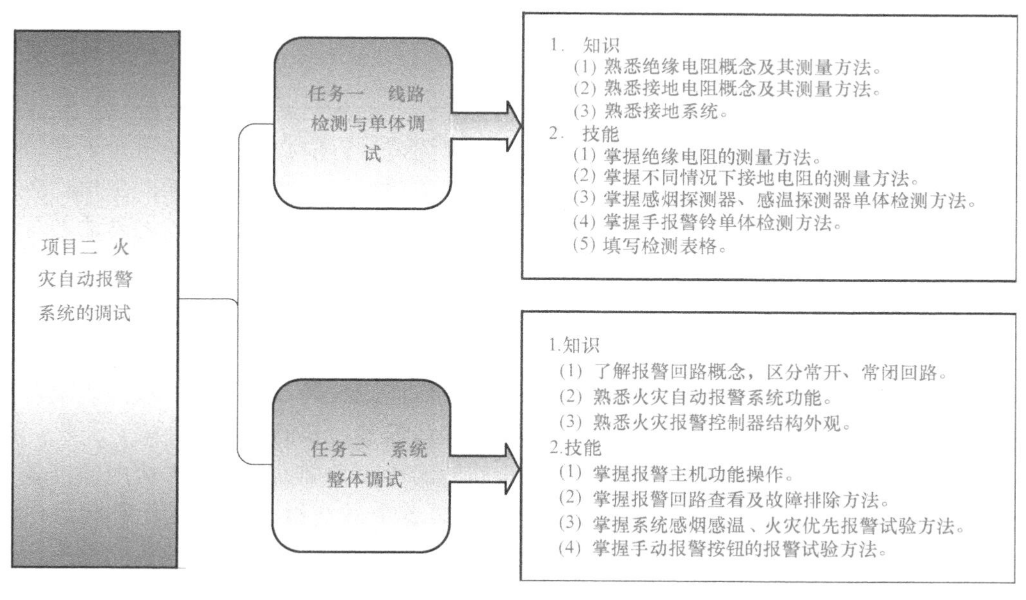

图 2-1 项目二分析

任务一 线路检测与单体调试

※任务描述※

本任务中需要完成火灾自动报警系统的线路检测、器件单体调试工作，检查系统线路是否出现错接、漏接，确保系统线路的畅通，检查各个设备、器件是否可以正常工作，为系统整体调试、正常运行打下基础。

※任务分析※

完成火灾自动报警系统的安装以后，为了确保线路和元器件无故障，对火灾自动报警系统进行线路检测、器件单体调试，以确保系统可以正常工作，首先需要对绝缘电阻和接地电阻进行检查和测量，以确保在一些特殊情况下设备不被损坏；然后对设备进行一次单体调试，确保每个设备都是可以正常工作的（图 2-2）。

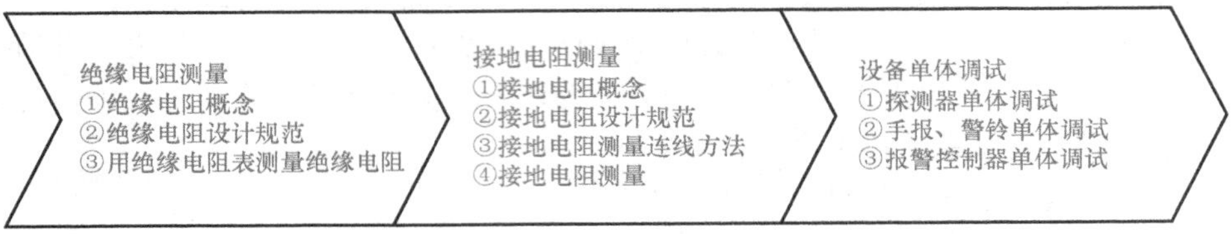

绝缘电阻测量
①绝缘电阻概念
②绝缘电阻设计规范
③用绝缘电阻表测量绝缘电阻

接地电阻测量
①接地电阻概念
②接地电阻设计规范
③接地电阻测量连线方法
④接地电阻测量

设备单体调试
①探测器单体调试
②手报、警铃单体调试
③报警控制器单体调试

图 2-2　检测调试流程

※相关知识※

线路检测和各个仪器的单体调试是自动报警系统调试运行前必须要做的一个工作，确保线路和单个仪器无故障才能从源头上保证系统能够正常运行。线路检测方面的工作更多地要求我们能够正确使用仪器测量各个线路参数，单体调试则需要我们了解仪器的性能及各项指标参数。

一、测量绝缘电阻

绝缘电阻是指在衔接器的绝缘局部施加电压，然后使绝缘局部的外表内或外表上产生漏电流而出现的电阻值。它受绝缘材料、温度、湿度和污损等要素的影响。

绝缘电阻测试是测试和检验电气设备的绝缘性能的比较常规的手段，所适用的设备包括电动机、变压器、开关装置、控制装置和其他电气装置中的绕组、电缆以及所有的绝缘材料。该测试同时也是高压绝缘试验的预备试验，在进行比较危险和破坏性的实验之前，先进行绝缘电阻的测试，可以提前发现绝缘材料中比较大的绝缘缺陷，并提前采取相应的措施，避免完全破坏试样的绝缘。最佳的方法由被测设备类型和测试目的所确定。在测量带有绕组或电介质材料的试样或电容时，吸收比和极化指数是判断其绝缘特性非常重要的指标。绝缘测试只能在不通电的电路上进行。绝缘电阻测试是为了了解、评估电气设备的绝缘性能而经常使用的一种比较常规的试验方法。通常技术人员通过对导体、电气零件、电路和器件进行绝缘电阻测试来达到以下目的，从而验证生产的电气设备的质量：

1）确保电气设备满足规程和标准（安全符合性）。

2）确定电气设备性能随时间变化的规律（预防性维护）。

3）确定故障原因（排障）。

很多测试仪器厂家的普通用高阻计、绝缘电阻表，在工作时，仪器自身产生高电压，而测量对象又是电气设备，所以必须正确使用（表 2-1），否则就会造成人身或设备事故。使用前，首先要做好以下各种准备：

1）测量前必须将被测设备电源切断，并对地短路放电，决不允许设备带电测量，以保证人身和设备的安全。

2）对可能感应出高压电的设备，必须消除这种可能性后，才能进行测量。

3）被测物表面要清洁，减少接触电阻，确保测量结果的正确性。

4）测量前要检查仪器是否处于正常工作状态，主要检查其“0”和“∞”两点。如用绝缘电阻表时，摇动手柄，使电动机达到额定转速，绝缘电阻表的表针在短路时应指在“0”位置，开路时应指在“∞”位置。

5）仪器应放在平稳、牢固的地方，且远离大的外电流导体和外磁场。做好上述准备工作后就可以进行测量了。在测量时，还要注意正确接线，否则将引起不必要的误差甚至错误。

表 2-1 绝缘电阻表规格选择

额定电压/V	<36	36~500	501~3300	>3300
选用绝缘电阻表的规格/V	250	500	1000	2500

二、测量接地电阻

接地电阻就是电流由接地装置流入大地再经大地流向另一接地体或向远处扩散所遇到的电阻，它包括接地线和接地体本身的电阻、接地体与大地的电阻之间的接触电阻以及两接地体之间大地的电阻或接地体到无限远处的大地电阻。接地电阻大小直接体现了电气装置与“地”接触的良好程度，也反映了接地网的规模。图 2-3 为接地电阻测试工具套装。

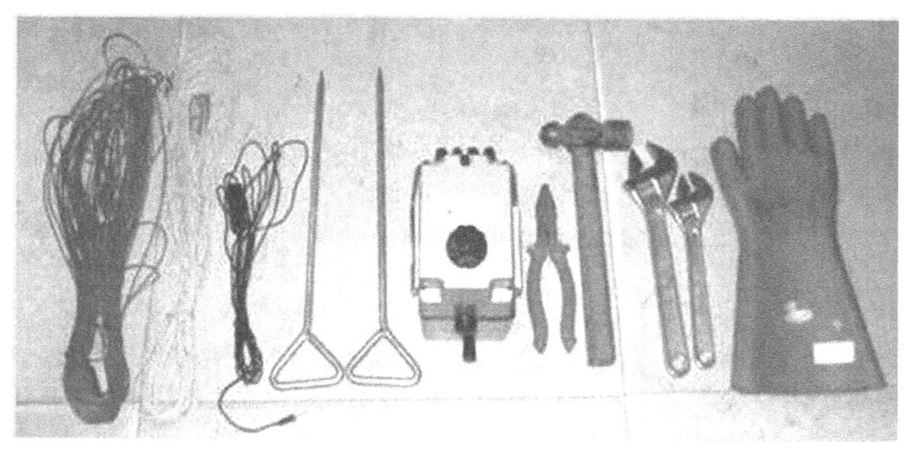

图 2-3 接地电阻测试工具套装

1. 接地电阻仪器要求

1）接地电阻的测量工作有时在野外进行，因此，测量仪表应坚固可靠，机内自带电源，重量轻、体积小，并对恶劣环境有较强的适应能力。

2）应具有大于 20dB 以上的抗干扰能力，能防止土壤中的杂散电流或电磁感应的干扰。

3）仪表应具有大于 500kW 的输入阻抗，以便减少因辅助极棒探针和土壤间接触电阻引起的测量误差。

4）仪表内测量信号的频率应在 25Hz~1kHz 之间，测量信号频率太低和太高易产生极化影响，或测试极棒引线间感应作用的增加，使引线间由于电感或电容的作用造成较大的测量误差，即布极误差。

2. 测试要求

1）交流工作接地，接地电阻不应大于 4Ω。

2）安全工作接地，接地电阻不应大于 4Ω。

3）直流工作接地，接地电阻应按计算机系统具体要求确定。

4）防雷保护地的接地电阻不应大于 10Ω。

5）对于屏蔽系统，如果采用联合接地，接地电阻不应大于 1Ω。

3. 接地电阻测试仪使用及操作

测量接地电阻值时规定，仪表上的 E 端钮接 5m 导线，P 端钮接 20m 导线，C 端钮接 40m 导线，导线的另一端分别接被测物接地极 E′、电位探棒 P′和电流探棒 C′，且 E′、P′、C′应保持直线，其间距为 20m，如图 2-4 所示。

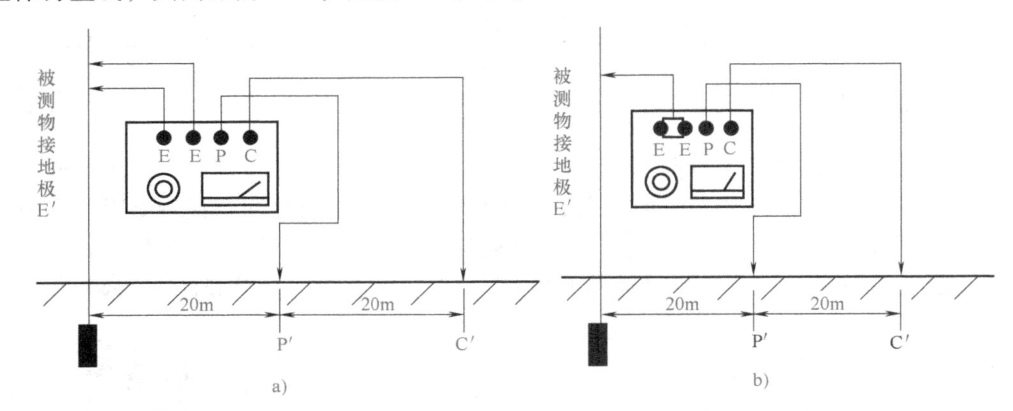

图 2-4 测试仪接线图

a）测量小于 1Ω 接地电阻时的接线图 b）测量大于或等于 1Ω 接地电阻时的接线图

测量小于 1Ω 的接地电阻时，接线图如图 2-4a 所示，将仪表上的 2 个 E 端钮导线分别连接到被测物接地极 E′上，以消除测量时连接导线电阻对测量结果引入的附加误差。

三、接地系统

将电力系统、电器装置的某一部分经接地线连接到接地极的做法称为接地。实践证明，接地对保障电力系统和电器设备的可靠安全运行，保护操作、维护人员的人身安全都起着重大的作用。按照接地所起作用的不同，一般可分为工作接地（功能接地）、保护接地（包括接零）、防静电接地、防雷及防过电压接地、屏蔽接地、隔离接地以及其他特殊接地。

1. 工作接地

工作接地是一种功能性接地，主要是指包括高、低压在内的电力系统中某一点，如发电机、变压器的中性点，电动机的中性点、防止过电压的避雷器的某一点等直接或经消弧线圈、电抗器、击穿熔断器等设备与大地做良好的电器连接。

2. 保护接地

保护接地是指电器设备或电器装置的正常不带电的金属部分和金属外壳的接地。在大多数场合，保护接地能够保护人员因触及绝缘损坏而带有危险电压的金属部分而遭到的电击，同时保护接地也能够防止因漏电或对地短路引起的火灾和对电子设备、计算机控制设备电子线路的危害，因而消防控制设备一般应设置保护接地。

3. 防静电接地

防静电接地是指为了消除生产及设备运行过程中产生的静电而设置的接地。静电是由于电介质相互摩擦或电介质与金属摩擦而产生的。静电电压可高达千伏，因而静电产生的危险电压不但危及人身安全，而且静电的放电火花往往会造成火灾和爆炸事故，对电子设备、计算机控制设备的集成电路装置亦可造成严重危害，因而消防控制设备应设置防静电接地。

消防接地系统在符合电气标准的同时必须也要符合《火灾自动报警系统设计规范》中的规定。

※任务实施※

任务实施步骤见表 2-2。

表 2-2　任务实施步骤

步　骤	具体内容	说　明
机具材料准备	仪表套件、测试仪器、五金工具箱	仪表套件：万用表、绝缘电阻表套件 测试仪器：可调直流电源套件、接地电阻测试仪 五金工具箱：钢丝钳、卷尺、一字螺钉旋具
检测调试准备	1. 绝缘电阻表规格选择 2. 接地电阻测试仪套件 3. 接地电阻的测试法 4. 三种接地模式	1. 绝缘电阻表选择见表 2-1 2. 接地电阻的测试方法见图 2-4 3. 三种接地方式为工作接地、保护接地、防静电接地
绝缘电阻检测	1. 四总线 P、G、T、S 的绝缘电阻测试 2. 电源线与地线的绝缘电阻测试 3. P、G、T、S 与地线的绝缘电阻测试 黑　红　蓝(不用) 绝缘电阻表接线图 施工注意：绝缘电阻测量前必须将被测设备电源切断，并对地短路放电，决不允许设备带电进行测量，以保证人身和设备的安全	根据《火灾自动报警系统施工及验收规范》第 2.2.13 条，火灾自动报警系统导线敷设后，用 500V 的绝缘电阻表对每回路的导线测量绝缘电阻，其对地绝缘电阻值不应小于 20MΩ
	师傅点拨：测量时转动手柄应由慢渐快并保持转速为 150r/min，待调速器发生滑动后，即为稳定的读数，一般取 1min 后的稳定值	

（续）

步　骤	具体内容	说　明
接地电阻检测	接地电阻接法判断，专用接地、共用接地的接地电阻测量 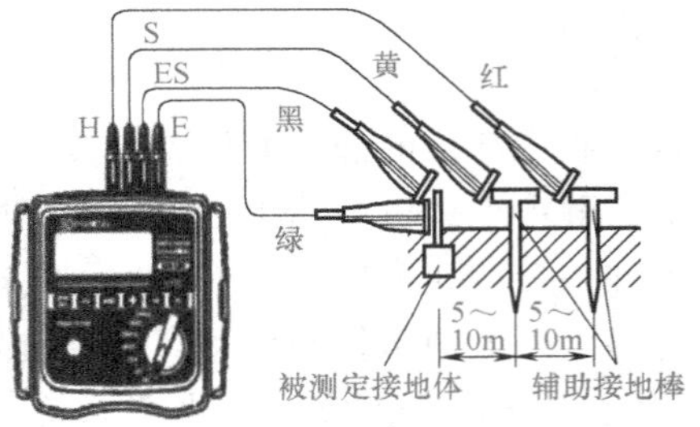 S　ES　H　E　黄　红　黑　绿　5～10m　5～10m　被测定接地体　辅助接地棒 注意：火灾自动报警系统应设专用接地干线，并应在消防控制室设置专用接地板。专用接地干线应从消防控制室专用接地板引至接地体；专用接地干线应采用铜芯绝缘导线，其线芯截面积不应小于 25mm²。专用接地干线宜穿硬质塑料管埋设至接地体	1. 仪表端所有接线应正确无误 2. 仪表连线与接地极 E、电位探棒 P 和电流探棒 C 应牢固接触 3. 仪表放置水平后，调整检流计的机械零位，归零 4. 将"倍率开关"置于最大倍率，逐渐加快摇柄转速，使其达到 150r/min。当检流计指针向某一方向偏转时，旋动刻度盘，使检流计指针恢复到"0"点。此时刻度盘上读数乘上倍率档即为被测电阻值 5. 如果刻度盘读数小于 1，检流计指针仍未取得平衡，可将倍率开关置于小一档的倍率，直至调节到完全平衡为止。如果发现仪表检流计指针有抖动现象，可变化摇柄转速，以消除抖动现象 6. 由消防控制室接地板引至各消防电子设备的专用接地线应选用铜芯绝缘导线，其线芯截面积不应小于 4mm² 7. 消防电子设备凡采用交流供电时，设备金属外壳和金属支架等应做保护接地，接地线应与电气保护接地（PE）线相连接
探测器单体调试	1. 探测器加电 2. 探测器感烟感温测试 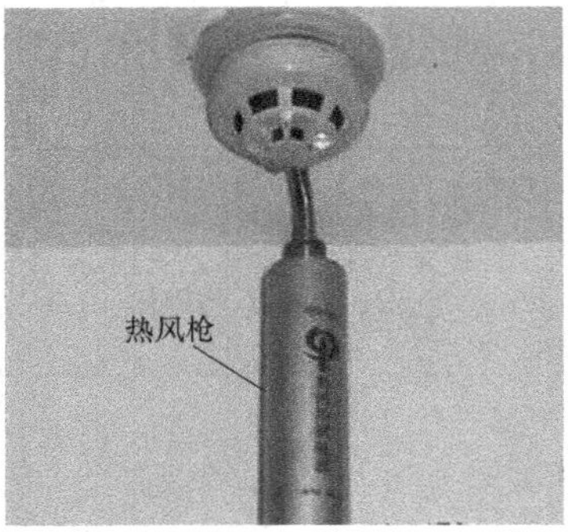 热风枪	1. 用可调直流电源给探测器上电，观察探测器指示灯是否亮起 2. 对系统内每个感烟探测器进行加烟测试，感烟探测器报警指示灯闪烁，则探测器正常工作 对感温探测器进行升温测试，可以用热风枪对准感温探测器吹送热风，感温探测器报警灯闪烁，则探测器正常工作
警铃、警灯单体调试	用可调直流电源分别给警铃和警灯上电 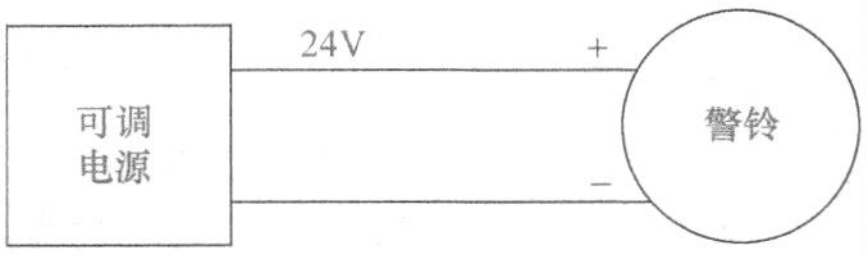 24V　+　－　可调电源　警铃	用可调直流电源的正极接警铃红线，负极接绿线，再调节可调电源输出电压到 24V，电铃能够正常响即说明警铃正常
手动报警按钮调试	1. 给手动报警按钮上电 2. 手动报警按钮报警测试 	1. 给手动报警按钮上电后，观察指示灯是否正常闪烁 2. 用测试钥匙对系统内每个手动报警按钮进行测试，观察手动报警按钮上的报警确认灯是否亮起，警铃是否联动报警

（续）

步　骤	具体内容	说　明
主机单体调试	主机上电自检 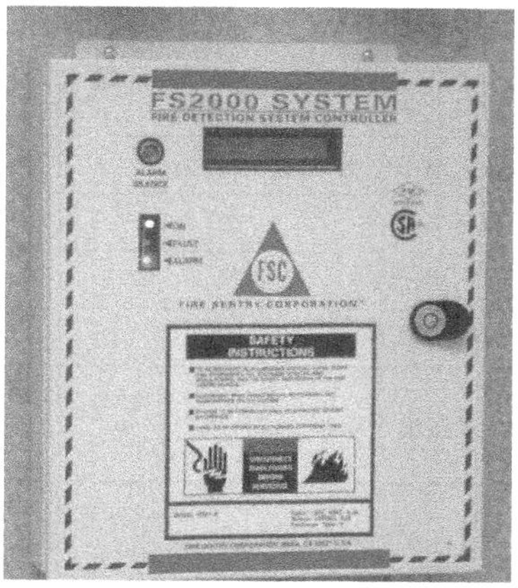	1. 火灾报警控制器接专用火灾电源220V，观察指示灯（ON）是否正常显示 2. 控制器没有接探测器的情况下“ALARM”（报警）指示灯会亮起，这时系统电路报警
	师傅点拨：在没有接专用消防电源的情况下，也可用一般市电接入自检，消防专用电源主要是为了保证在火灾发生情况下不断电	

※任务实施※

任务检测内容见表2-3、表2-4。

表2-3　任务检测内容

检测任务	检测内容	检测标准
检测调试准备	1. 根据线路和图2-2选择合适的绝缘电阻表 2. 根据图2-4正确阐述两种接地电阻测试方法 3. 正确阐述三种接地方式	1. 本任务中应该选择500V绝缘电阻表 2. 在接地电阻预估值大于1Ω时，接地电阻测试仪两个E端需短接，小于1Ω时则不需短接 3. 工作接地、保护接地、防静电接地
绝缘电阻检测	1. 电路断电，短接地放电处理 2. 使用绝缘电阻表进行绝缘电阻检测 3. 表格记录	1. 正确操作并将读取到的数据记录到表2-4中 2. 火灾自动报警系统导线敷设后，应对每回路的导线用500V的绝缘电阻表测量绝缘电阻，其对地绝缘电阻值不应小于20MΩ
接地电阻检测	1. 根据情况正确选择接地电阻测试仪接线方式 2. 正确使用接地电阻仪测量接地电阻	采用专用接地装置时，接地电阻值不应大于4Ω；采用共用接地装置时，接地电阻值不应大于1Ω
器件单体调试	1. 探测器单体调试 2. 手动报警按钮单体调试 3. 警铃单体调试 4. 主机单体调试	1. 探测器单体调试时根据探测器类型区分调试手段。感烟探测器用烟枪触发（或者用香烟），感温探测器用电吹风触发 2. 手动报警按钮和警铃调试之前看说明中手动报警按钮/警铃的工作电压，确定给手动报警按钮/警铃上多少伏电压（一般为24V） 3. 主机的调试：给主机上电主机应能正常开机，具体功能调试在整体系统调试中完成

表 2-4　火灾自动报警系统绝缘测试记录表

20　年　月　日　　　　　　　　　　　　　　编号 01

建设单位		工程名称		测试人	
施工单位		项目名称		测试日期	
测试绝缘电阻表电压(V)		计量单位		当天天气情况	
附注说明	火灾自动报警系统绝缘电阻、接地电阻测试				
四总线绝缘电阻					
P&G	P&T	P&S	G&T	G&S	T&S
电源总线绝缘电阻			接地电阻		

任务二　系统整体调试

※任务描述※

本任务将要完成火灾自动报警的系统整体调试工作，要求对调试过程中出现的故障进行排除，使各设备运行正常，可以实现各自的功能。

※任务分析※

本任务要对系统进行整体调试，首先对各个回路进行检测，包括回路内部的线尾电阻、常开常闭回路等的检测，然后设置主机的开机调试项目，包括主机功能检查、电源检测等，最后对其他各种设备进行报警检测，对于调试过程中出现的问题、故障，要能够进行排除，确保系统可以正常工作。图 2-5 是本任务的整体调试流程。

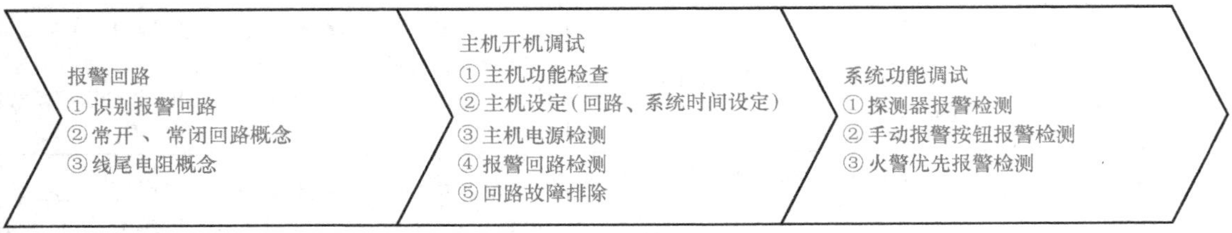

报警回路
①识别报警回路
②常开、常闭回路概念
③线尾电阻概念

主机开机调试
①主机功能检查
②主机设定(回路、系统时间设定)
③主机电源检测
④报警回路检测
⑤回路故障排除

系统功能调试
①探测器报警检测
②手动报警按钮报警检测
③火警优先报警检测

图 2-5　整体调试流程

※相关知识※

为了保证新安装的火灾自动报警系统能安全可靠地投入运行，使其性能达到设计技术要求，在系统安装施工过程中和投入运行前要进行一系列的调整试验工作。本任务中主要讲解如何对火灾自动报警系统进行系统整体调试，这就需要我们系统地了解整个火灾自动报警系统的工作过程及火灾自动报警系统的“大脑”——火灾报警控制器。

一、报警回路（图 2-6）

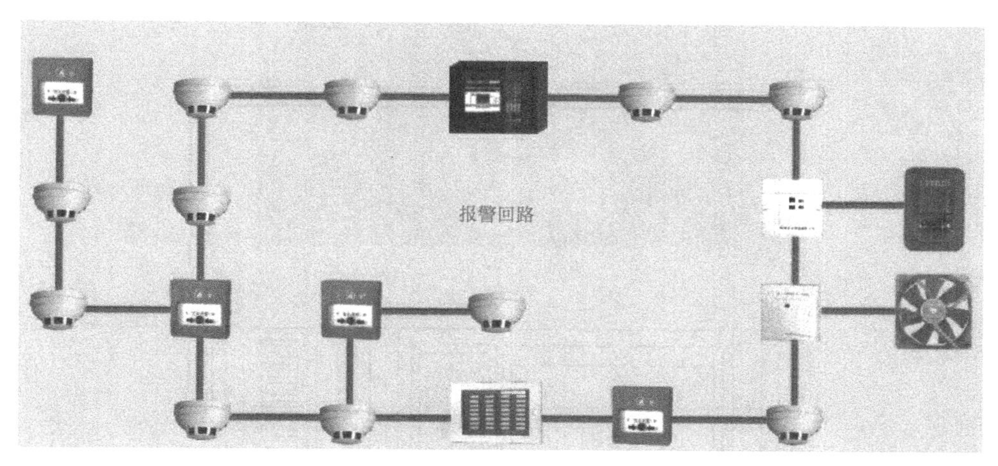

图 2-6　火灾自动报警系统回路

常闭回路（NC），短路正常，断路报警。这种电路形式的缺点是：若有人故意将线路短路，该探头就失去作用，报警主机就无法识别是人为的短路。

常开回路（NO），短路报警，断路正常。这种电路形式的缺点是：若有人故意将线路断路（剪断信号线），该探头失去作用，报警主机就无法识别是人为的断路。

线尾电阻 EOL</B>，短路报警，断路故障，阻值为 2.2kΩ 为正常。这种电路形式的优点是：对短路和断路做出不同的反应，特别是适合烟感探头和紧急按钮，如果是老鼠咬段或因绑东西而扯断，报警主机认为该回路故障。

一般产品都配有线尾电阻，而且出厂默认的是有电阻。这样控制回路的电流会小点，并且编程时漏项也不容易出错，安全。加电阻对信号传输来说是有帮助的，它可以防止信号的反馈干扰。当然也可以在主机编程时选择是否加电阻。

而对于报警主机的防区端电阻是必须加的。报警主机防区端的电阻是为了使回路保持一定的电流，没有电流或者短路都会引起报警；所以探测器的常开点要并联电阻，常闭点要串联电阻。但一般使用串联电阻的方法，主要为了减小电流，同时增加防剪功能。原则上，设置终端电阻有效对线路故障的排查和降低误报有好处。

二、火灾报警控制器

在系统的整体调试中，火灾报警控制器的连接调试是非常重要的，整体的功能调试结果都是在控制器上面表现出来的。这里以实际任务中的火灾报警控制器（北京利达 128E 型）为例进行介绍。

1. 火灾报警控制器外形（图 2-7）

2. 火灾报警控制器的主控部分（图 2-8）

1）工控主板（火灾报警控制器的核心，CPU 位于主板上）。

2）多功能板（多功能板上分布着功能切换键，用于切换报警主机功能及液晶显示）。

3）液晶显示器（标题栏、主显示区域、辅助显示区域、提示区）。

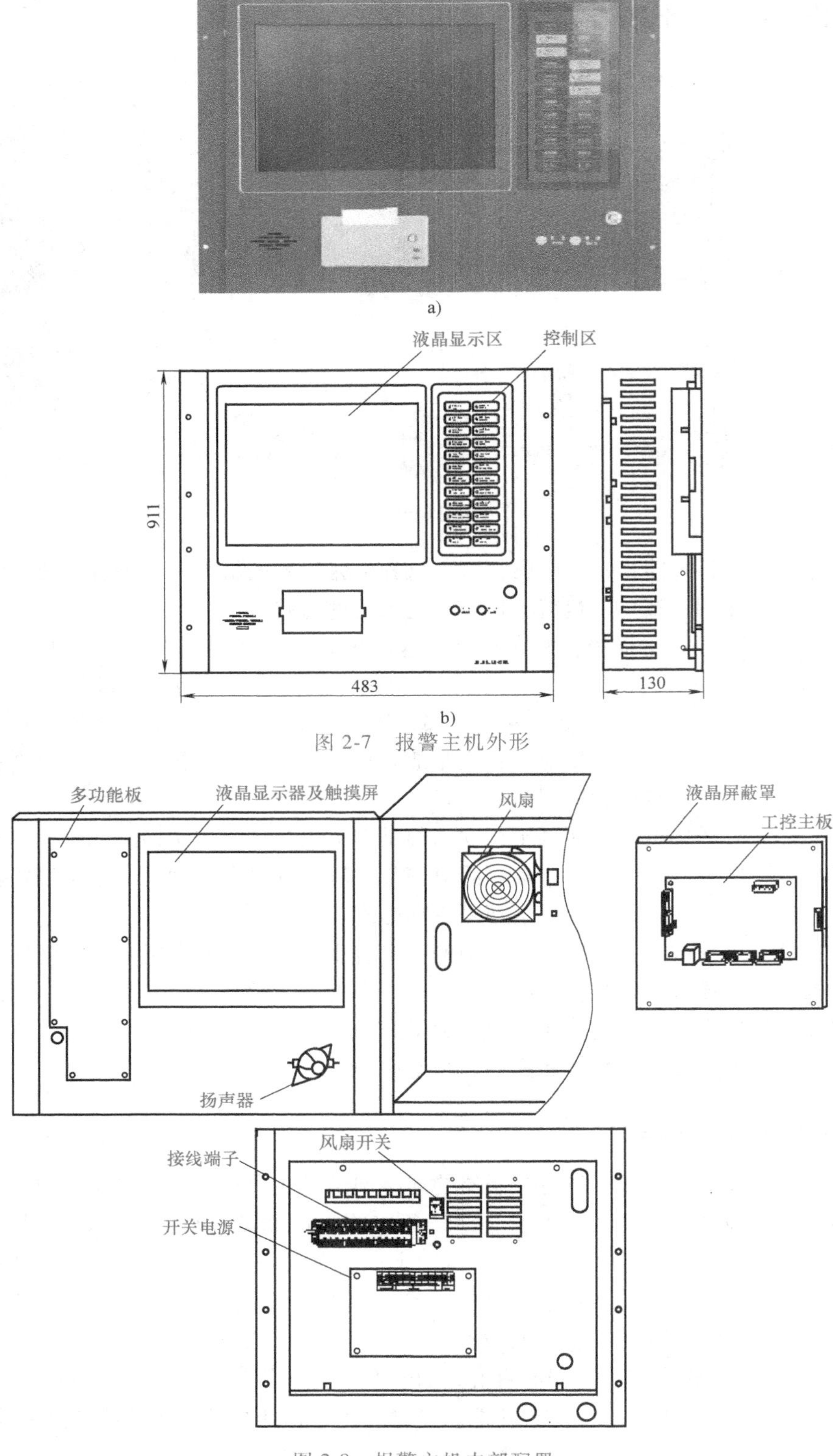

图 2-7　报警主机外形

图 2-8　报警主机内部配置

4）硬盘（用于存储系统及数据）。

5）打印机（用于打印各回路日常系统运行状况）。

3. 驱动及总线设备

1）软件驱动。软件驱动是由编程人员编写的一个硬件与操作系统交互的协议，硬件被操作系统识别就必须通过软件驱动。

2）硬件驱动。硬件驱动主要用于输出功率或者硬件与主机 CPU 的连接。

3）总线设备。总线设备是对总线上的器件的总称，可分为四种。报警类：感烟探测器、感温探测器、手动报警按钮和输入模块。模块类：输入、输出模块，广播模块，编码声光报警器等，模块的每一个输出均对应一个总线设备编号。借用类：借用设备为虚拟设备，占用一个总线地址，通常映射多线手动盘的一路输出。楼层显示器类：可与 LD128E 系列控制器连接的各楼楼层显示器。

4. 系统调试工具（表 2-5）

1）调试键盘（同普通计算机键盘，用于对火灾自动报警控制器输入调试）。

2）调试鼠标（同普通计算机鼠标，连接火灾自动报警控制器）。

3）调试光盘（包含调试用软件、自动编码软件，用于对回路器件进行自动编址）。

表 2-5　系统调试工具

序号	分类	准备工具
1	调试手段	通过台式、笔记本式计算机，使用调试专用软件（由火灾报警控制器生产厂家提供）进行火灾自动报警回路中各器件的地址编码；通过各类仪器仪表测量回路参数，再用电工工具对报警回路进行调试
2	软件调试工具	专用调试键盘、鼠标、SD 卡、数据线、光盘等工具，自动编址软件
3	硬件调试工具	万用表、钢丝钳、电工剥线钳、一字螺钉旋具、写码器

※任务实施※

任务实施步骤见表 2-6。

表 2-6　任务实施步骤

步骤	具体内容	说明
机具材料准备	软件调试工具、硬件调试工具	软件调试工具：专用调试键盘、鼠标、SD 卡、数据线、光盘等工具，自动编址软件 硬件调试工具：万用表、钢丝钳、电工剥线钳、一字螺钉旋具、写码器
调试前准备	1. 调试工具准备 2. 线路检测单体检测结果表格 3. 联系施工单位了解施工情况	1. 调试工具准备按资源准备栏进行准备 2. 仔细阅读线路检测表格及相关知识，了解线路绝缘电阻、接地电阻等参数 3. 和施工单位的相关人员取得联系，掌握现场设备的安装情况和设备的基本配置情况，了解其是否具备调试开通条件

（续）

步骤	具体内容	说　明
开机调试	1. 主机初始化功能检查 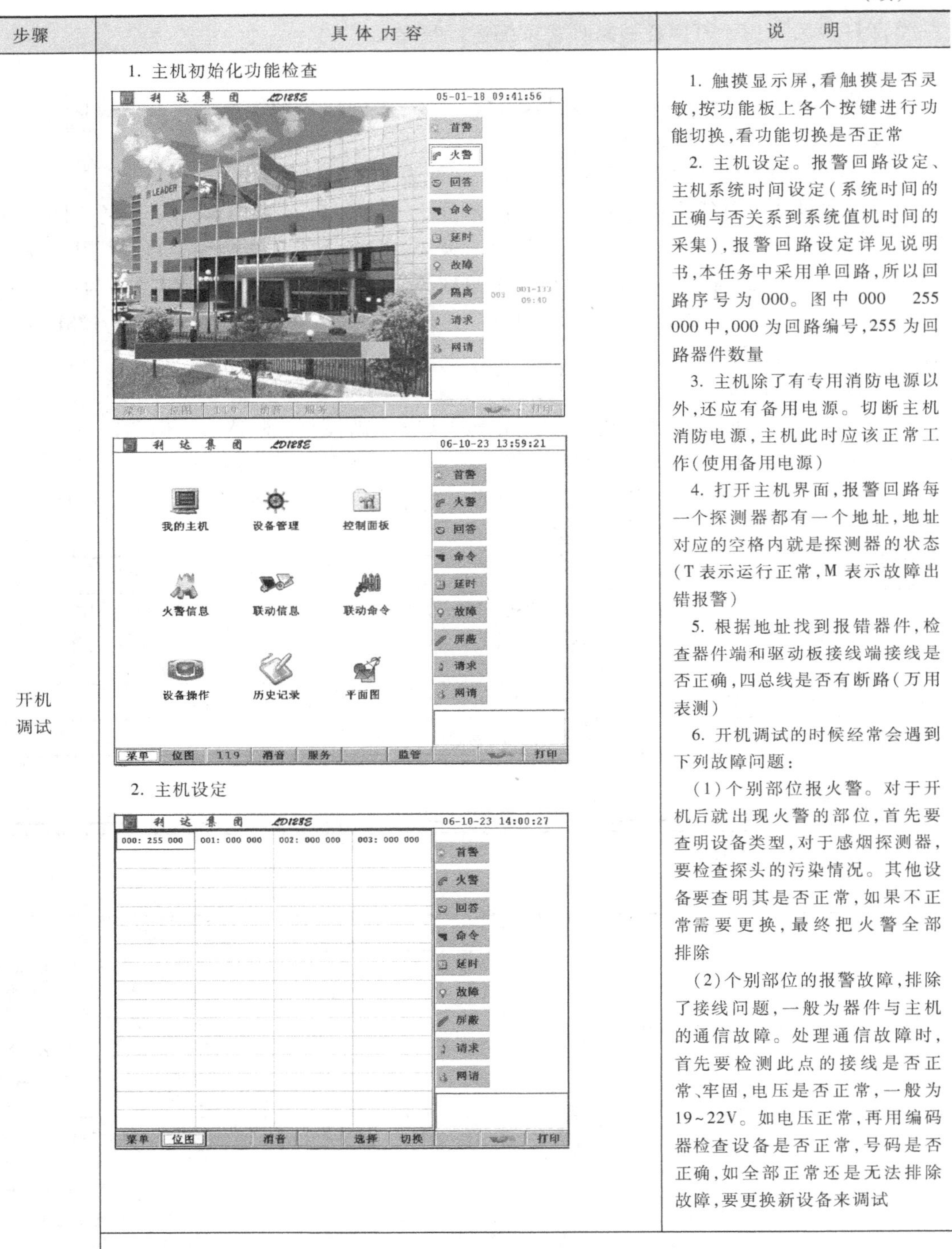 2. 主机设定	1. 触摸显示屏，看触摸是否灵敏，按功能板上各个按键进行功能切换，看功能切换是否正常 2. 主机设定。报警回路设定、主机系统时间设定（系统时间的正确与否关系到系统值机时间的采集），报警回路设定详见说明书，本任务中采用单回路，所以回路序号为 000。图中 000　255　000 中，000 为回路编号，255 为回路器件数量 3. 主机除了有专用消防电源以外，还应有备用电源。切断主机消防电源，主机此时应该正常工作（使用备用电源） 4. 打开主机界面，报警回路每一个探测器都有一个地址，地址对应的空格内就是探测器的状态（T 表示运行正常，M 表示故障出错报警） 5. 根据地址找到报错器件，检查器件端和驱动板接线端接线是否正确，四总线是否有断路（万用表测） 6. 开机调试的时候经常会遇到下列故障问题： （1）个别部位报火警。对于开机后就出现火警的部位，首先要查明设备类型，对于感烟探测器，要检查探头的污染情况。其他设备要查明其是否正常，如果不正常需要更换，最终把火警全部排除 （2）个别部位的报警故障，排除了接线问题，一般为器件与主机的通信故障。处理通信故障时，首先要检测此点的接线是否正常、牢固，电压是否正常，一般为 19~22V。如电压正常，再用编码器检查设备是否正常，号码是否正确，如全部正常还是无法排除故障，要更换新设备来调试
	师傅点拨：如果探测器地址显示 F，则表示火灾报警或者故障出错，所以回路检测前要确认每个探测器位置都没有火灾发生的迹象	

（续）

步骤	具体内容	说　明
开机调试	3. 主机电源检测、报警回路检测 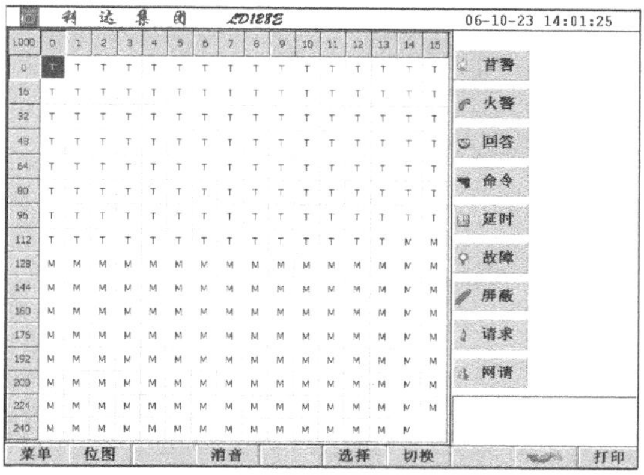 4. 回路故障排除 常闭回路（回路短路正常） 常开回路（回路开路正常）	（3）主机故障的简单排除： 1）主机报警回路故障。检查回路板是否松动，回路设置是否正常。回路板上的指示灯是否正常 2）主电源故障。检查主机电源输入端子上电压是否正常，开关电源上的熔丝是否损坏 3）备用电源故障。检查备用电源开关是否打开，熔丝是否损坏，备用电源电池的电压是否正常 4）区域故障。当报警系统组成集中——区域方式时，要在集中机的主机板上设置好区域机的数量，并在区域机上设置好区域要的地址。发生故障时，主要检查通信线是否畅通，拨码开关设置是否正确 （4）提示信息故障　当控制器上的故障排除后，如果有提示信息类故障，会在液晶屏上显示出提示信息，提示信息主要包括探测器的上下限超标，其原因主要是探测器污染或自身有故障；报修故障的提示，主要是通过点亮外部总线设备的警示灯来实现的；总线欠电压类提示，提示该编址设备的总线电压低于正常值（16V），需检查线路或设备是否正常
系统功能调试	1. 探测器报警检测 （1）感烟测试 	1. 对回路里的每个探测器进行报警试验，感烟探测器用热风枪进行试验，此时控制器应发出滴答报警声，显示屏显示报警探测器位置（检查报警地址和实际位置是否一样，如果不同，则用编码器对探测器重新编码） 2. 感温探测器检测时，可以用电吹风对着探测器吹热风。如果报警主机没有显示报警： （1）注意线路连接是否正确、牢固 （2）检测报警信号总线的电压，给探测器加温使得探测器报警，查看此时信号总线电平有没有发生变化（若发生变化，则是主机设置或者驱动板的问题；若没发生变化，则说明探测器可能损坏）

（续）

<table>
<tr><th>步骤</th><th>具体内容</th><th>说　明</th></tr>
<tr><td>系统功能调试</td><td>（2）回路情况显示
2. 手动报警按钮功能检测

（1）核对报警位置与显示地址
（2）观测报警后警铃、控制器的反应
3. 故障预警显示
（1）驱动板故障（损毁、接触不良）
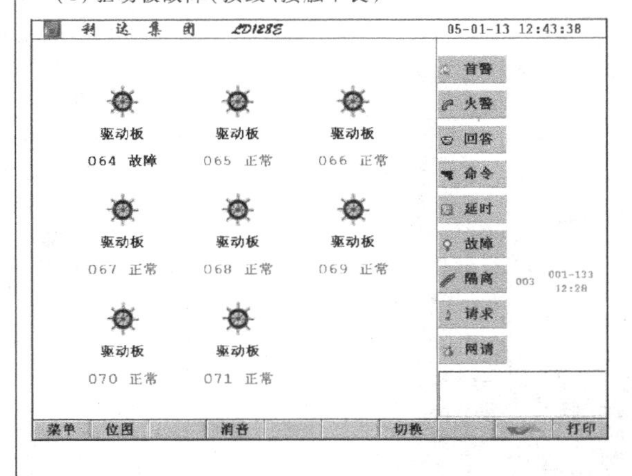
</td><td>3. 报警故障：用钥匙转动手动报警按钮触发报警，此时主机发出报警，核对地址
报警触发，如果警铃无报警首先检查主机有没有警铃报警显示，若主机有警铃报警显示，则表明主机正常，可能是警铃电路出现故障或者驱动板故障；否则表明报警主机故障
4. 驱动板故障：驱动板故障会导致控制器输出和采集发生故障，导致主机无法预警。检查驱动板是否正确插接，如果正确插接以后驱动板仍报错，则更换驱动板
5. 地址报错：切换到主机地址设定界面重新设定故障器件地址</td></tr>
<tr><td></td><td colspan="2">师傅点拨：线路调试主要为电源线调试和信号线调试，警铃故障一般是供电出错；探测器故障一般是信号线故障</td></tr>
</table>

(续)

步骤	具体内容	说明
系统功能调试	(2)地址报错设定 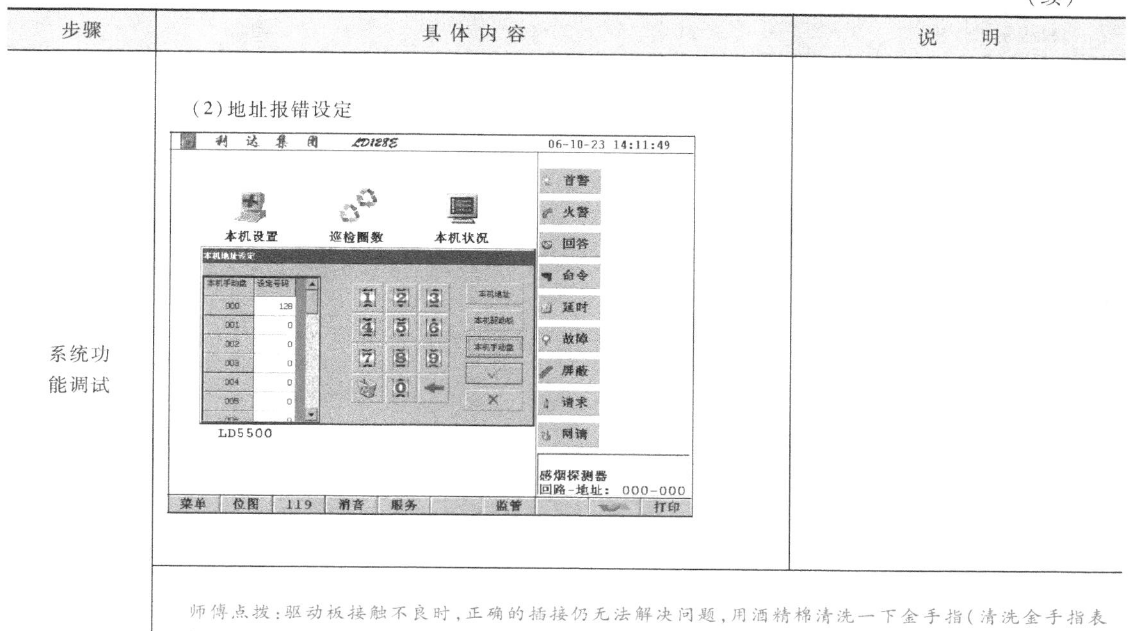	
	师傅点拨:驱动板接触不良时,正确的插接仍无法解决问题,用酒精棉清洗一下金手指(清洗金手指表面氧化物),然后重新插接	

※任务检测※

任务检测内容见表 2-7。

表 2-7 任务检测内容

检测任务	检测内容	检测标准
调试前准备	1. 调试工具准备 2. 正确查看线路检测单体检测结果表格 3. 联系了施工单位或者施工人员具体了解施工情况	1. 调试工具中有万用表和编码器等工具 万用表用于线路短路断路检测,编码器用于器件编码修改(非常重要) 2. 通过查看检测表格着重了解总线的形式(二总线、四总线)、线路绝缘电阻、接地电阻是否达标
报警控制器调试	1. 正确进行主机功能检查 2. 主机设定	1. 主机触摸显示屏是否正常 2. 主机功能板功能切换是否正常,主机多功能板每一个按键都对应一个功能,多功能板检测时对每一个按键需要进行检测其是否可用 3. 能够对主机时间进行设定 4. 能够用编码器或者主机编码软件对器件进行地址重编,主机地址设定的时候根据要求不能超出 063

（续）

检测任务	检测内容	检测标准
系统功能调试	按要求对报警控制进行回路故障排除	1. 能够对报警控制器进行下列检查： 1）火灾报警自检功能 2）消音、复位功能 3）故障报警功能 4）火灾优先功能 5）报警记忆功能 6）电源自动转换和备用电源的自动充电功能 7）备用电源的欠电压和过电压报警功能 2. 探测器和火灾手动报警按钮在火灾和线路故障的情况下都能进行报警，报警调试的时候应做到火灾报警优于器件故障报警

项目三 火灾自动报警系统的值机与运行

※项目描述※

火灾自动报警系统完成整体调试后可投入使用。旅馆方面需要设置专业人员进行火灾自动报警系统值机，排除系统运行过程中遇到的故障。值机人员需要经过专业的培训并取得相应资格才能入岗值机，值机人员的基本任务如下：

1）火灾自动报警系统日常值机维护。

2）系统常见故障排除。具体任务内容如图 3-1 所示。

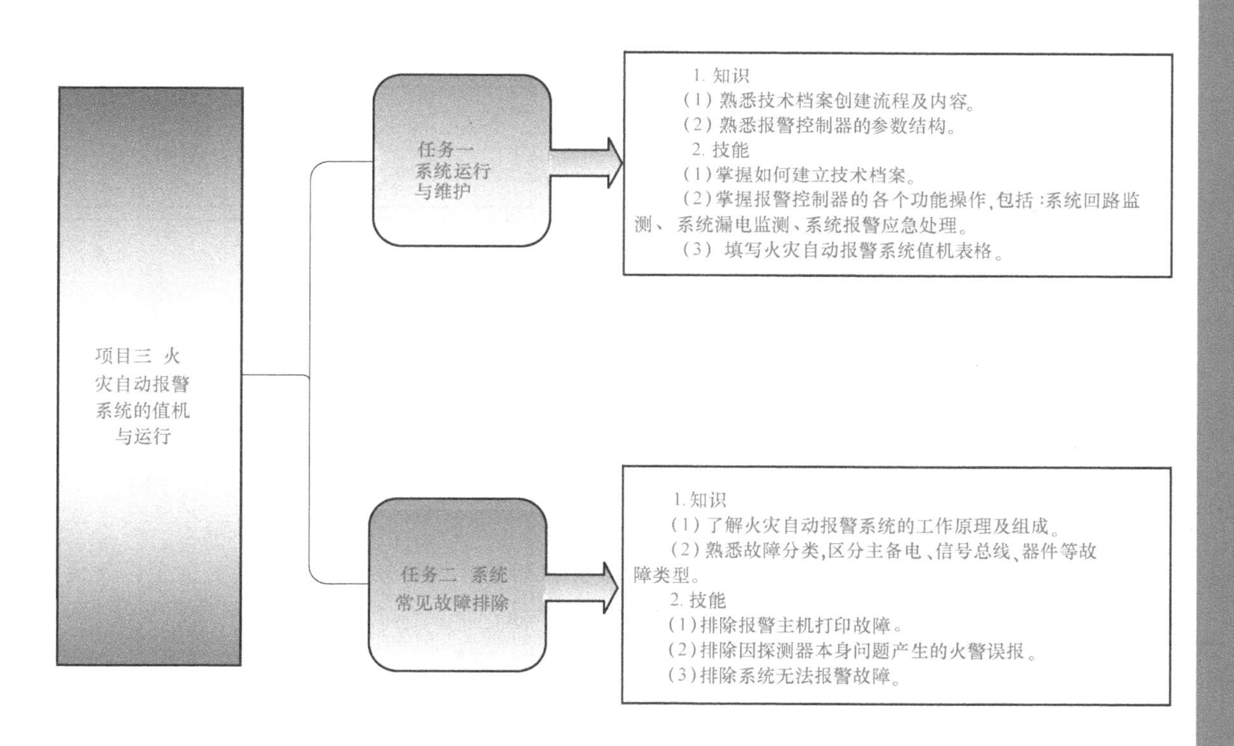

图 3-1 项目三分析

任务一　系统运行与维护

※任务描述※

本任务是完成火灾自动报警系统运行值机工作，值机人员要按照规定进行值机操作，填写相关记录，出现紧急情况时能够正确做出处理。

※任务分析※

火灾自动报警系统调试完毕后，就要投入实际使用，系统运行过程中，需要专门的人员对系统进行运行与值机，值机人员需要严格按照相关规定进行操作，记录相关数据；出现火警报警后要能够按照预案进行处理，提高系统的使用效率；要对系统自身进行相关数据的检测工作，确保系统能够长期有效地正常运行。图 3-2 是值机任务的操作流程图。

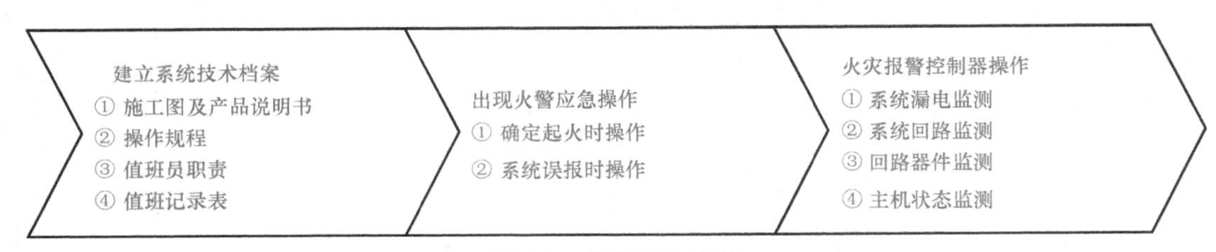

图 3-2　值机操作流程

※相关知识※

一、建立系统技术档案

在系统真正投入运行前需要建立系统技术档案，系统技术档案的建立是系统运行维护的基础。系统技术档案包括以下几个部分：

1）系统施工图及设备的技术资料。

2）操作规程。

3）值班员职责。

4）值班记录和使用图表。

施工图包括房屋平面图、系统接线图纸、设计说明等。设备技术资料主要是各个设备说明书、线路检测表格等。通过设备说明书能够了解产品性能、接线方式、使用注意事项等，这样就方便日后设备的维修和保养。

消防报警系统投入使用时，在消防监控室应有房屋平面图，房屋平面图上应标明设备位置及编码，如果没有应向安装公司索取。值班员应牢记整个系统的探测器/手动报警按钮的数量，还有熟知现场报警设备的具体位置。

二、出现火警

依据报警显示号确定报警点具体位置，然后利用电话、对讲机或直接派人尽快到现场查看是否有火情发生。

1）确实起火，在火势比较小并且能够利用附近的有效灭火工具（如泡沫灭火器）迅速扑灭的，则马上组织人员灭火；如火势较大，应迅速通知消防控制室（如利用对讲和消防电话）。值班人员首先应拨打 119，然后通知上级领导（组织人员疏散和灭火工作）。

2）没有火情，考察是否由周围环境因素（水蒸气、油烟、潮湿、灰尘等）造成探测器误报警。若是，则将报警点隔离，待环境恢复正常后，取消隔离。若不是或不能确定，则反复按控制器清除键，如仍报警，则将报警点隔离，然后及时更换或通知施工单位或厂家进行维修。

三、报警控制器操作

报警控制器作为火灾自动报警系统的核心，学会正确操作报警控制器是系统运行维护人员所必须掌握的技能。在系统运行中值机人员需要不时地查看系统各回路状态、回路器件状态，必要的时候对所监测采集到的数据进行打印。

※任务实施※

任务实施步骤见表 3-1。

表 3-1　任务实施步骤

步骤	任务内容	说　明
机具材料准备	技术档案：施工图、各产品说明书（探测器/收报，报警主机）、检测验收表格值班记录：火灾自动报警系统巡查记录、系统操作规程、消防控制室值班记录表格	《消防控制室值班记录》和《火灾自动报警系统巡查记录》的存档时间不应少于 1 年；《火灾自动报警系统检验报告》、《火灾自动报警系统联动检查记录》的存档时间不应少于 3 年
开机准备	1. 技术档案建立 2. 火灾自动报警系统巡检表格准备 3. 火灾自动报警系统巡查表格准备	1. 技术档案的建立主要包括 施工图（房屋平面图、系统接线图、设计说明），各个产品说明书（探测器、主机、手动报警按钮等），系统调试检测表格 2. 火灾自动报警系统巡检表格和火灾自动报警系统巡查表格在实际工程中由火灾自动报警系统厂商提供
值机维护	值班人员每日在交接班时应按下列要求检查火灾报警控制器的功能，并按要求填写相应的记录 1. 系统漏电监测	1. 开机进入主界面后选择右下角的“监管”→“漏电报警”，进行系统漏电监测 2. 在菜单下方选择“位图”，这时能看见各个回路名称（任务中只有一个回路），单击回路名称进入回路监测界面如图 3. 在主菜单界面选择“设备管理”就能看见地址对应的每个器件的状态、器件类型（感烟探测器、感温探测器）

（续）

步骤	任务内容	说明
值机维护	2. 系统回路监测 3. 回路器件监测 4. 主机状态监测	4. 在主菜单选择“我的主机”进入主机监测界面，界面中有主电源、备用电源状态监测，通信监测，接点输出监测等 5. 当出现火灾报警时，主机发出报警声，主菜单界面出现报警信息，显示报警区域房间，这时值机人员应该打电话给报警房间确认火情，然后消音。消音功能在下方功能条的正中央
	师傅点拨：系统值机的时候一般要定时进行1~4步骤的重复检查，时间间隔一般为1h比较合理	

（续）

步骤	任务内容		说明
值机维护	5. 控制器报警自检功能 按下报警控制器自检键，控制器应完成系统自检。火灾报警控制器应有本机自检功能，自检期间，如非自检回路有火灾报警信号输入，火灾报警控制器应能发出声、光报警信号 6. 消音、复位功能 当报警控制器接到报警信号后，按下消音键，观察能否消除声信号；并保持光报警信号；按下复位键后，看能否手动复位 7. 故障报警功能 卸下系统回路中的任一探测器或将连接线路断线，观察报警控制器能否在 100s 内发出与火灾报警信号有明显区别的声、光报警信号 8. 火灾优先功能 在故障状态下，给感烟探测器加烟或按下手动火灾报警按钮，观察火灾报警信号能否优先输入报警控制器，发出声、光火灾报警信号。当火灾和故障同时发生时，火灾报警信号应优先输入火灾报警控制器，发出声、光火灾报警信号 9. 报警记忆功能 查看报警控制器报警计时装置情况，使用打印机记录火灾报警时间，查看能否打印出月、日、时、分等信息，打印机能否正常工作。火灾报警控制器应具有显示或记录火灾报警时间的计时装置 10. 电源自动转换功能 接通电源，观察火灾报警控制器是否处于正常工作状态；关闭主电源开关，查看备用电源能否正常工作；恢复主电源，查看主电源工作情况；观察主、备电源的工作状态显示情况 11. 屏蔽、隔离设备情况 查看报警控制器屏蔽或隔离部件的状况，询问屏蔽、隔离的时间和原因。系统中的火灾探测器，手动火灾报警按钮，水流指示器，压力开关，输出、输入控制模块等部件被屏蔽、隔离后，应尽快恢复		6. 火灾报警控制器应有本机自检功能，自检期间，如非自检回路有火灾报警信号输入，火灾报警控制器应能发出声、光报警信号 7. 用秒表记录故障报警时间。当火灾报警控制器内部、火灾报警控制器与探测器、火灾报警控制器与传输火灾报警信号的部件间发生故障时，报警控制器应在 100s 内发出与火灾报警信号有明显区别的声、光报警信号 8. 火灾报警控制器应具有电源转换装置，当主电源断电时，能自动转换到备用电源；当主电源恢复时，能自动转换到主电源；主、备电源的工作状态应有指示
	记录	1.《消防控制室值班记录》填写 2.《火灾自动报警系统巡查记录》填写	填写值班记录时要根据实际情况进行填写，值机人员换班的时候值机表格需要完成交接

※任务检测※

任务检测内容见表 3-2。

表 3-2　任务检测内容

检测任务	检测内容	检测标准
开机准备	1. 完成技术档案的建立 2. 准备火灾自动报警系统巡检表格 3. 准备火灾自动报警系统巡查表格	技术档案的建立需要以下几个重要组成：施工图（房屋平面图、系统接线图、设计说明），各个产品说明书（探测器、主机、手报等），系统调试检测表格

（续）

检测任务	检测内容	检测标准
值机维护	1. 确认进行以下操作 (1)系统漏电监测 (2)系统回路监测 (3)回路器件监测 (4)主机状态监测 2. 正确处理火灾报警	1. 出现火灾报警后应先确认火情再进行主机消音 2. 消防值班室必须24h设专人值班，值班人员应坚守岗位，严禁脱岗，未经专业培训的无证人员不得上岗 3. 值班人员要认真学习消防法律、法规，学习消防专业知识，熟练掌握消防设备的性能及操作规程，提高消防技能
值班记录	1. 仔细阅读值机规章制度 2. 填写《消防值班室值班记录》表格	未经公安消防机构同意不得擅自关闭火灾自动报警系统

任务二　系统常见故障排除

※任务描述※

在火灾自动报警系统的日常运行过程中，系统不时地会出现故障，这些故障包括主机软件故障、系统线路故障、元器件硬件故障等。在本任务中需要学会排除日常系统运行中常见的一些故障。

※相关知识※

一、常见故障及排除方法

故障一般可分为两类：一类为主控系统故障，如主、备电源故障、总线故障等；另一类是现场设备故障，如探测器故障、模块故障等。

若主电源掉电，采用备用电源供电，应注意供电时间不应超过8h，若超过8h应切断控制器的电源开关（包括备用电源开关），以防蓄电池损坏。若系统发生故障，应及时检修；若需关机应做好详细记录。若为现场设备故障，应及时维修，若因特殊原因不能及时排除故障，应利用系统提供的设备隔离功能将设备暂时从系统中隔离，待故障排除后再利用释放功能将设备恢复。

常见故障及排除方法见表3-3。

表3-3　常见故障及排除方法

故障现象	可能原因	处理措施
控制器报主电源故障	无交流电220V	恢复交流供电
	交流电开关未开	打开交流电开关
	交流熔断器熔断	更换同规格熔断器
	连接线未接好	测量AC-DC电源输出排线的ACF端（主电源检测）到DC-DC电源之间的连线是否正常

（续）

故障现象	可能原因	处理措施
控制器报主电源故障	控制器 AC-DC 电源损坏	测量 AC-DC 电源输出排线的 ACF 端（主电源检测）与 G 端电压，正常为 5V，切断主电后电压为 0V；如果不正常，可以与厂家联系更换 AC-DC 电源
	控制器主板	测量 AC-DC 电源输出排线的 ACF 端（主电源检测）与 G 端电压，如果电压正常，可以与厂家联系更换控制器主板
控制器报备用电源故障	备用电源开关未开	打开备用电源开关
	备用电源连线未正确连接	正确连接
	备用电源熔断器熔断	更换同规格熔断器
	备用电源电压过低或损坏	测量备用电源电压是否低于 18V，低于 18V 需要更换蓄电池
	AC-DC 电源或主板损坏	与厂家技术服务部门联系维修
按手动盘键无反应	控制器处于“手动不允许”	利用“启动方式设置”选项重新设置
	该键值对应的设备报故障	进行维修
	该键值对应的设备被隔离	进行“取消隔离（释放）”操作
	手动消防启动盘未注册	利用“设备检查”操作，查看手动盘注册是否正确，若有误，重新开机后检查是否可以恢复，否则，与厂家技术服务部联系维修
	手动消防启动盘电缆连接不良	检查与回路板连接的电缆，重新插接牢固
	手动盘驱动板损坏	请及时与厂家技术服务部联系更换
控制器报打印机不打印	设置为不打印的方式	参照控制器操作中，利用“打印方式设置”操作，重新设置
	打印机电缆连接不良	检查并连接好
	打印机被关闭	按下打印机的“SEL”键，将打印机打开
	打印纸用完	参照打印纸更换步骤更换新的打印纸
	打印机损坏	与厂家技术服务部联系更换
	未进入 CRT 监控状态	进入监控状态
	CRT 电缆连接不良	检查并连接好
控制器开机后无显示或显示不正常	电源不正常	检查 AC-DC 电源 24V 输出是否正常，输出不正常为 AC-DC 电源损坏；检查 DC-DC 电源的 5V 输出是否正常，不正常为 DC-DC 电源损坏，与厂家技术服务部联系更换
	开关板损坏	与厂家技术服务部联系更换
	液晶屏或背光管损坏	与厂家技术服务部联系更换
控制器键盘操作没反应	连接排线接触不好	重新插紧键盘与开关板之间的排线
	开关板损坏	与厂家技术服务部联系更换
	面膜损坏	与厂家技术服务部联系更换

（续）

故障现象	可能原因	处理措施
控制器报总线故障或绝缘故障	总线短路或线间电阻过低（低于 10kΩ）	请施工单位或维护人员排除线路故障
	总线对地绝缘不良（对地电阻低于 1MΩ）	请施工单位或维护人员排除线路故障
	个别设备或线路进水	查找可能进水的设备，请施工单位或维护人员排除线路故障
个别现场设备报故障	设备丢失	恢复安装
	设备连接线（联动四总线，报警二总线）断路	拆下现场设备，用数字万用表测量现场设备信号总线间（Z1、Z2）电压正常在 16～20V，电源总线间（D1、D2）电压在 24V 左右，如线间电压不正常，先排除线路原因
	设备接触不良	重新安装
	设备损坏	请更换设备
	更换设备时未进行设备编码	修改设备编码，与原设备编码相同
相邻多个设备报故障	因线路短路或对地绝缘不良，导致隔离器动作	排除线路故障后重新安装隔离器
	因单只隔离器所带设备过多，导致其偶尔动作	隔离器动作电流有 170mA、270mA 之分（详见实物背面的接线说明），若接线正确且重新安装后仍动作，请与原施工单位联系
	局部线路断路	排除线路故障
某一回路所有设备故障	总线断路	排除线路故障
	探测器或模块进水	排除故障原因
	整个回路安装了 1 只隔离器，因总线短路或单只隔离器所带设备过多等因素导致隔离器动作	取消隔离器，直接连接总线
	控制器回路板损坏	如果重新开机后测量总线间没有电压，尽快联系厂家更换回路板
所有联动设备故障	为联动设备供电的 24V 电源线断路	联系施工单位或维保公司排除线路故障
	为联动设备供电的 24V 电源盘没有输出	检查 24V 电源线路是否短路，线路短路联系施工单位进行检修；检查并更换电源盘输出熔断器；联系厂家技术服务部更换电源盘
所有火灾显示盘故障	给火灾显示盘供电的 24V 电源故障	参照“联动设备供电的 24V 电源盘没有输出”处理
	通信总线（A、B）线路故障	排除线路故障
	控制器上火灾显示盘通信板坏	如果测量控制器上火灾显示盘通信输出 A、B 端没有电压，请与厂家技术服务部联系更换通信板
测试感烟探测器不报警	测试方法不对	应采用消防烟枪使烟雾直接进入探测器进烟孔，试验地点不能有较强的空气流动
	该探测器未注册上	利用“设备检查”操作，查看该探测器是否已注册，若未注册，请及时与原施工单位联系

（续）

故障现象	可能原因	处理措施
测试感烟探测器不报警	该探测器被隔离	利用“取消隔离”操作先将其释放后试验
	该探测器损坏	更换探测器
个别感烟探测器误报火警	安装在空调口、窗户附近等不当位置	更改探测器的安装位置
	环境恶劣或使用场所不当（如灰尘大或湿度大的地下车库或开水间等）	改善环境或更换为其他探测器
	光电感烟探测器污染	参照探测器清洗规程清洗光电感烟探测器
	探测器损坏	更换探测器
个别感温探测器误报火警	现场温度过高，如厨房等	适当调低探测器的灵敏度或更改探测器的安装位置
	现场环境温度变化大	适当调低探测器的灵敏度
	探测器损坏	更换探测器
多个探测器误报火警	探测器或线路进水导致控制器无法正常工作	查找进水的位置并修复
	总线绝缘性能不好	联系施工单位查线或更换线路
	线路干扰严重	查找干扰源或将信号总线更换为屏蔽线
	控制器回路板损坏	联系厂家技术服务部更换
	联动设备自身故障	联系相关设备厂家或维保公司修复
	控制模块损坏	如果启动后模块上启动指示灯不亮，请联系厂家技术服务部维修

二、消防值班室值班人员职责和任务

1）负责对各种消防值班设备的监视和运用，熟悉并掌握消防值班室设备功能及操作规程，按照规定测试自动消防设施的功能，保障消防值班室设备的正常运行。

2）每日检查、测试主要消防设施功能，及时排除误报和一般故障；发现故障应在 24h 内排除，不能排除的应立即向部门负责人上报。

3）协助消防维保等专业技术人员对消防设施进行修理、维护，不得擅自拆卸、挪用或停用，保证设备正常运行。

4）对火灾信号应立即确认，火灾确认后应立即拨打 119 向消防队报警，不得迟报或瞒报，并向单位消防主管领导报告，随即启动灭火应急疏散预案，及时、准确启动有关消防设备设施，正确有效地组织扑救及人员疏散。

5）不间断值守岗位，认真填写消防值班室的火警、故障和值班记录，做好交接班工作。

6）积极参加消防专业培训，不断提高业务素质。

三、报警处理程序及日常管理制度

（1）报警处理程序

1）接到报警信号后，消防值班室值班人员应立即查清报警位置，电话通知报警位置所在单位负责人员或安排相关人员携带对讲机、插孔电话等通信工具，迅速到达报警点确认。

2）如未发生火情，所在位置单位工作人员或现场确认人员应立即用通信工具向消防值班室反馈信息，值班人员记录报警情况并复位。

3）如确有火灾发生，所在位置单位的工作人员或现场确认人员应立即用通信工具向消防值班室反馈信息，利用现场灭火器材进行扑救。

4）消防值班室值班人员应立即拨打119电话向消防队报警，通知有关人员到场灭火，并报告公司消防安全管理人。

5）情况处理完毕后，恢复各种消防设备，使其处于正常运行状态。

（2）日常管理制度

1）消防值班室必须昼夜24h设专人值班，值班人员应坚守岗位，严禁脱岗，未经专业培训的无证人员不得上岗。

2）值班人员要认真学习消防法律、法规，学习消防专业知识，熟练掌握消防设备的性能及操作规程，提高消防技能。

3）值班时间严禁睡觉、喝酒，不得聊天、打私人电话，不准在值班室内会客，严禁无关人员触动、使用室内设备。

4）严密监视设备运行状况，遇有重大情况要及时报告。

5）未经公安消防机构同意不得擅自关闭火灾自动报警系统。

四、《消防值班室值班记录表》填写方法

（1）适用范围

《消防值班室值班记录表》为消防值班室消防值班人员用于日常值班记录用。

（2）填写要求

1）“交接班检查情况记录”一栏中“检查人”为白班值班人员，白班值班人员接班后对火灾报警设备进行全面检查并对表格所列检查项目内容逐项进行记录，填写在表格中。

2）“每日运行情况记录”由当班值班人员填写，记录当日火灾报警设备的运行状态，当日出现火警或出现误报、故障及处理情况随时进行记录，当日未出现异常情况的，由当班人员交班前对当日情况进行记录。例如2011.01.01，火灾报警值班器运行情况正常，报警性质为火警，消防联动值班器运行情况为自动正常、手动正常，报警、故障部位、原因及处理情况无，值班人员张某在下班前进行记录；王某当班后出现两次问题，按时间点进行记录，下班前情况正常再进行一次记录。

3）《消防值班室值班记录》表格填满后由部门负责人签字确认，并指定专人保管，每季度存档一次，保存期为两年。

4）《建筑消防设施故障处理记录》表格必须详细记录每次报警的时间、出现的问题、故障及处理结果，对不能处理的问题进行记录并报物业经理进行处理。

※任务实施※

由于系统故障种类比较多，这里挑选几种常见故障进行分析，见表3-4。

表 3-4　故障分析

故障现象	可能原因	说明
主机无法打印	1. 打印纸用完 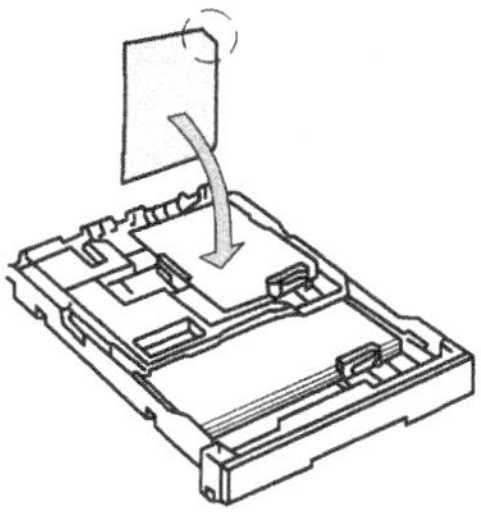 2. 打印功能关闭 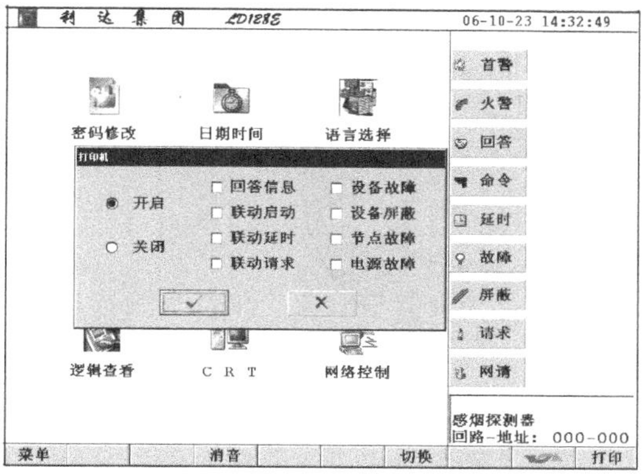 3. 火灾报警控制器打印模块故障	1. 抽出报警主机的打印纸盒查看是否还有打印纸，或者单击主机菜单中的“打印机”进入打印机界面查看打印机纸情况 2. 在主菜单“打印机”选项中查看打印机状态，设置成打印机开启状态 3. 在排除打印纸和功能设置以后，如果打印机仍无法正常工作，主机打印模块功能障碍的概率增大很多(打印模块元器件损毁)，所以这时候先联系厂商寻求工程师帮助
光电感烟探测器错误报警	光电感烟探测器被灰尘污染会出现错误报警，需要定期清洗 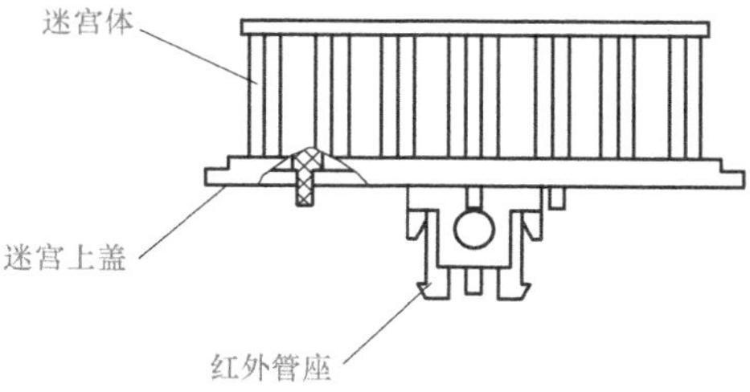 迷宫体 迷宫上盖 红外管座	光电感烟探测器迷宫受到污染时，将报出故障或误报火警。迷宫污染基本受两种污染，一种是灰尘，另一种是纤维状物质。清除步骤如下： ①用工具从探测器中扣侧边缺口起下上盖。迷宫如左图由三部分构成：迷宫体、迷宫上盖、红外管座 ②将迷宫体、迷宫上盖与红外管座分开，将迷宫上盖和迷宫体分开 ③迷宫污染原因的确定：目测迷宫体底部，红外管座光路边缘有灰尘或纤维状物体，则是迷宫污染

（续）

故障现象	可能原因	说明
光电感烟探测器错误报警	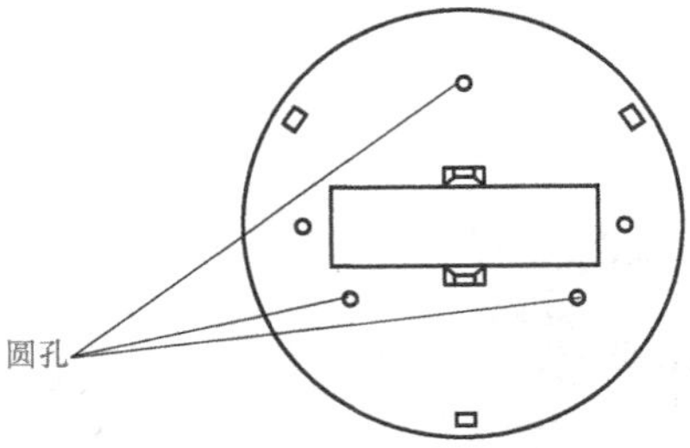 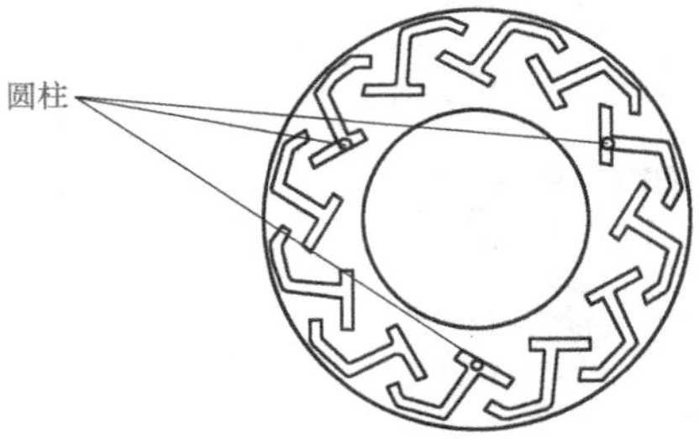 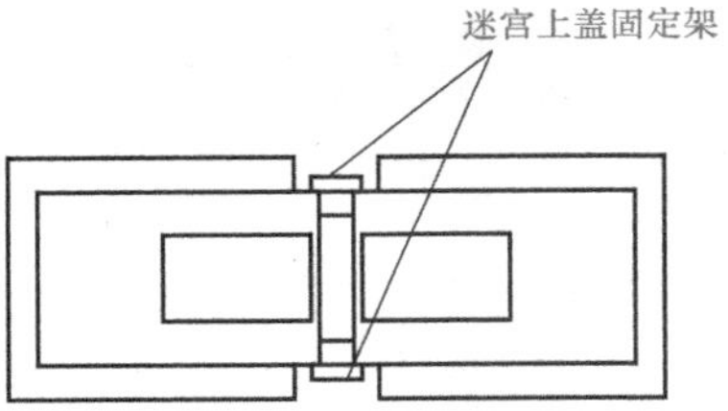 圆孔 圆柱 迷宫上盖固定架	④迷宫清除灰尘操作步骤： 方法一：将迷宫上盖、迷宫体从迷宫红外管座拆下，用湿布轻擦迷宫上盖的内侧底部和侧面，重点为底部。底部应完全露出黑色；用湿布轻擦或吹掉红外管座光路边缘灰尘和纤维 方法二：将迷宫上盖、迷宫体从迷宫红外管座拆下，用自来水冲洗迷宫上盖的内侧底部和侧面，冲洗干净后用电吹风吹干。将迷宫装配好，安装好上盖
感烟探测器不报警	1. 测试方法不对 2. 该探测器未经注册 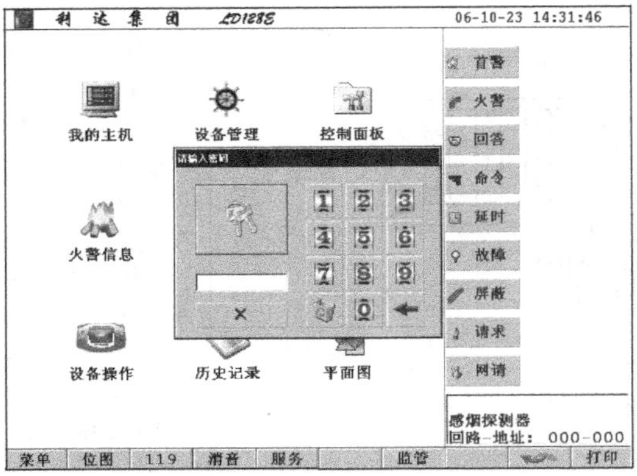	1. 测试的时候烟枪要对准探测器进烟口，测试环境要在无风环境下 2. 探测器未注册则进入“控制面板”对报错探测器进行重新注册编址 3. 在火灾试验报警的时候探测器被隔离屏蔽后，没有进行复位处理。选择“屏蔽”选项对探测器解除屏蔽即可

（续）

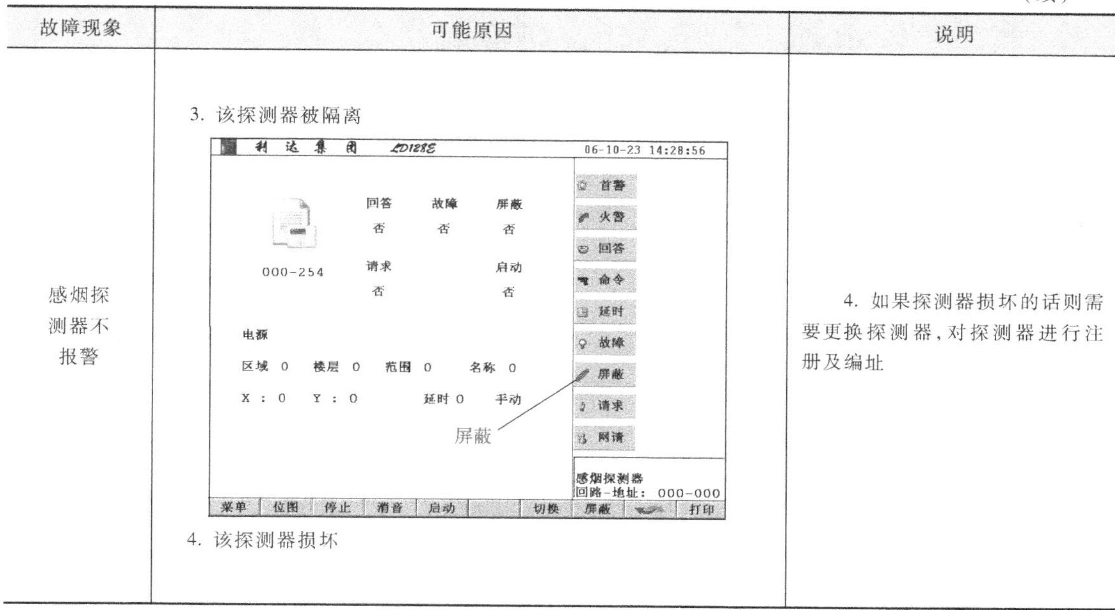

故障现象	可能原因	说明
感烟探测器不报警	3. 该探测器被隔离 4. 该探测器损坏	4. 如果探测器损坏的话则需要更换探测器，对探测器进行注册及编址

※任务检测※

在故障排除任务中，随机从线路故障、器件故障、主机设置故障三个方面设置故障点，学生能够正确排除故障即可。结合消防值班人员职责、报警处理程序及日常管理制度进行任务检测，完成相关表3-5～表3-7的填写。

表3-5 消防值班室值班记录

	日期	自检	消音	复位	主电源	备用电源	检查人	故障及处理情况
交接班检查情况记录								

（续）

	日期	火灾报警值班器运行		报警性质			消防联动值班器运行			报警、故障处理情况	值班人签字
				火警	误报	故障报警	正常		故障		
							自动	手动			
每日运行情况记录											

部门负责人审核　　　　年　　月　　日

注：1. 情况正常打“√”，存在问题或故障打“×”。

2. 对发现的问题应及时处理，当场不能处置的要向部门负责人报告，并填写《建筑消防设施故障处理记录》。

表 3-6　时间点记录

日期	火灾报警值班器运行		报警性质			消防联动值班器运行			报警、故障处理情况	值班人签名
	正常	故障	火警	误报	故障报警	正常		故障		
	正常	故障	火警	误报	故障报警	自动	手动			
01.01 夜班	✓								无	张某 8:00
01.02 白班	✓								已处理	王某 8:30
01.02 白班	✓								已处理	王某 9:30
01.02 白班	✓								无	王某 17:00

注：1. 情况正常打“√”，存在问题或故障打“×”。

2. 对发现的问题应及时处理，当场不能处置的要向部门负责人报告，并填写《建筑消防设施故障处理记录》。

表 3-7　建筑消防设施故障处理记录

检查日期	时间	报警、问题或故障位置、编号	安全责任单位或责任人	报警、问题或故障原因及处理结果	检查负责人
年　月　日	时　分				
不能当场处理的问题、故障采取的方案、措施等情况		部门负责人意见（签名）　年　月　日 消防安全管理人意见（签名）　年　月　日			

※学习单元小结※

（图 3-3）

单元一：火灾自动报警系统的安装与运行

消防管线敷设

1.RS485是一种用于设备联网的经济型的传统工业总线方式。

2.RS485串口通信跟RS232串口通信方法一样，主要注意通信协议(串口握手协议)是否正确。通信协议可以自定义，主要包括：波特率、串口端口、停止位、分隔符。波特率是串口通信中最主要的参数，波特率表示每一秒串口与主机通信时所传输的字符帧数。

3.二总线也是消防总线的一种，将供电线与信号线合二为一，实现了信号和供电共用一个总线的技术。

4.四总线总共有P、T、S、G四根线，P和G分别为电源线和公共地线，T和S分别为信号输入和信号诊断线，信号诊断线能够保证信号传输干扰更小。

5.系统的传输线路和采用50V以下供电的控制线路，应采用耐压不低于250V的铜芯绝缘导线或电缆。交流380V/220V的交流用电设备供电线路，应采用耐压不低于交流500V的铜芯绝缘导线或电缆。

6.敷设方式一般原则：

第一，在火灾自动报警系统中，任何用途的导线都不允许架空敷设。第二，屋内线路的布线设计，应路线短捷，安全可靠，减少与其他管线交叉跨越，避开环境条件恶劣场所，并便于施工、维护。第三，系统布线应注意避开火灾时有可能形成“烟囱效应”的部位。

7.系统传输线路采用绝缘导线时，应采取穿金属管、阻燃型硬质塑料管或封闭式线槽保护。

8.布线技术要求：

第一，在设计系统布线时，应充分了解产品的布线要求，结合建筑防火分区和房间特征与布局以及探测器设置部位，做到合理布线。第二，导线的连接必须做到十分可靠。一般应经过接线端子连接，小截面导线绞接后应烫锡。各端子箱内宜选择带锡焊接点或压接的端子板，其接线端子上应有标号。第三，除探测信号传输线可按普通线路布线施工外，对电源线路、消防设备的控制线路、警报与通信线路等都有防火、耐热处理要求。当系统为综合同一回路或通道时，线路的布线以满足较高要求的条件处理。第四，火灾自动报警系统导线敷设完毕后，应用500V绝缘电阻表测量绝缘电阻，每回路对地绝缘电阻不应小于20MΩ。

安装

1.火灾自动报警系统的传输线路应采用穿金属管、经阻燃处理的硬质塑料管或封闭式线槽保护方式布线。在宽度小于3m的内走道顶棚上设置点型探测器时，宜居中布置。感温火灾探测器的安装间距不应超过10m；

2.感烟火灾探测器的安装间距不应超过15m；探测器至端墙的距离，不应大于探测器安装间距的一半。

3.每个防火分区应至少设置一只手动火灾报警按钮。从一个防火分区内的任何位置到最邻近的手动火灾报警按钮的步行距离不应大于30m。手动火灾报警按钮宜设置在疏散通道或出入口处。列车上设置的手动火灾报警按钮，应设置在每节车厢的出入口和中间部位。

4.手动火灾报警按钮应设置在明显和便于操作的部位。当安装在墙上时，其底边距地高度宜为1.3～1.5m，且应有明显的标志。

5.火灾声光警报器应设置在每个楼层的楼梯口、消防电梯前室、建筑内部拐角等处的明显部位，且不宜与安全出口指示标志灯具设置在同一面墙上。

系统调试

1.绝缘电阻是指在衔接器的绝缘局部施加电压，然后使绝缘局部的外表内或外表上发生漏电流而出现的电阻值。

2.接地电阻就是电流由接地装置流入大地再经过大地流向另一个接地体或向远处扩散时所遇到的电阻，它包括接地线和接地体本身的电阻、接地体与大地的电阻之间的接触电阻以及两接地体之间大地的电阻或接地体到无线远处的大地电阻。

3.接地电阻测试要求：

a.交流工作接地，接地电阻不应大于4Ω。

b.安全工作接地，接地电阻不应大于4Ω。

c.直流工作接地，接地电阻应按计算机系统具体要求确定。

d.防雷保护接地的接地电阻不应大于10Ω。

e.对于屏蔽系统如果采用联合接地时，接地电阻不应大于1Ω。

4.绝缘电阻测量前必须将被测设备电源切断，并对地短路放电，决不允许设备带电进行测量，以保证人身和设备的安全。

5.采用专用接地装置时，接地电阻值不应大于4Ω；采用共用接地装置时，接地电阻值不应大于1Ω。

报警系统值机

1.在系统真正投入运行前需要建立系统技术档案，系统技术档案的建立是系统运行维护的基础。系统技术档案包括以下几个部分：

(1)系统施工图及设备的技术资料。

(2)操作规程。

(3)值班员职责。

(4)值班记录和使用图表。

2.火灾自动报警系统发出报警，首先根据控制器显示报警区域，赶到报警区域进行火灾确认，如果无火情，则进行控制器复位消音。如果复位消音后还无法解除警报，应考虑探测器故障，对单个探测器进行隔离处理。

3.火灾自动报警系统故障一般分为主备电源故障、信号总线故障、电源总线故障、器件硬件故障。

图 3-3　单元一小结

UNIT 2

学习单元二

消防联动控制系统的安装与运行

单元描述

消防联动系统是火灾自动报警系统中的一个重要组成部分，通常包括消防联动控制器、消防控制显示装置、传输设备、消防电气控制装置、消防设备应急电源、消防电动装置、消防联动模块、消火栓按钮、消防应急广播设备、消防电话等设备和组件，大致可归纳为火灾控制器、消防通信系统和喷淋系统。本学习单元介绍消防联动系统的安装和消防联动系统的运行与值机。

通过本单元的学习了解消防联动控制系统的结构组成、系统实现功能、系统值机运行规章管理制度；着重掌握消防联动控制系统的安装、操作和系统相关故障的排除，为日后从事相关行业奠定理论和技能基础。

项目四 消防联动控制系统设备的安装

※项目描述※

应某旅馆负责人要求：在其一层旅馆内安装与火灾自动报警系统相配套的消防联动控制系统，用于旅馆火灾初始阶段的扑灭及指导旅馆住宿人员的逃生。具体要求如下：

1）在旅馆的楼道通风管道前安装防排烟系统，包括排烟风机、防火阀、防排烟联动控制模块。

2）在旅馆火灾控制室及走廊上安装消防通讯系统，包括消防广播、消防电话。确保在发生火灾时每个房间的人员都能清晰听到消防广播播报的内容，并可以使用消防电话与控制室取得联系。

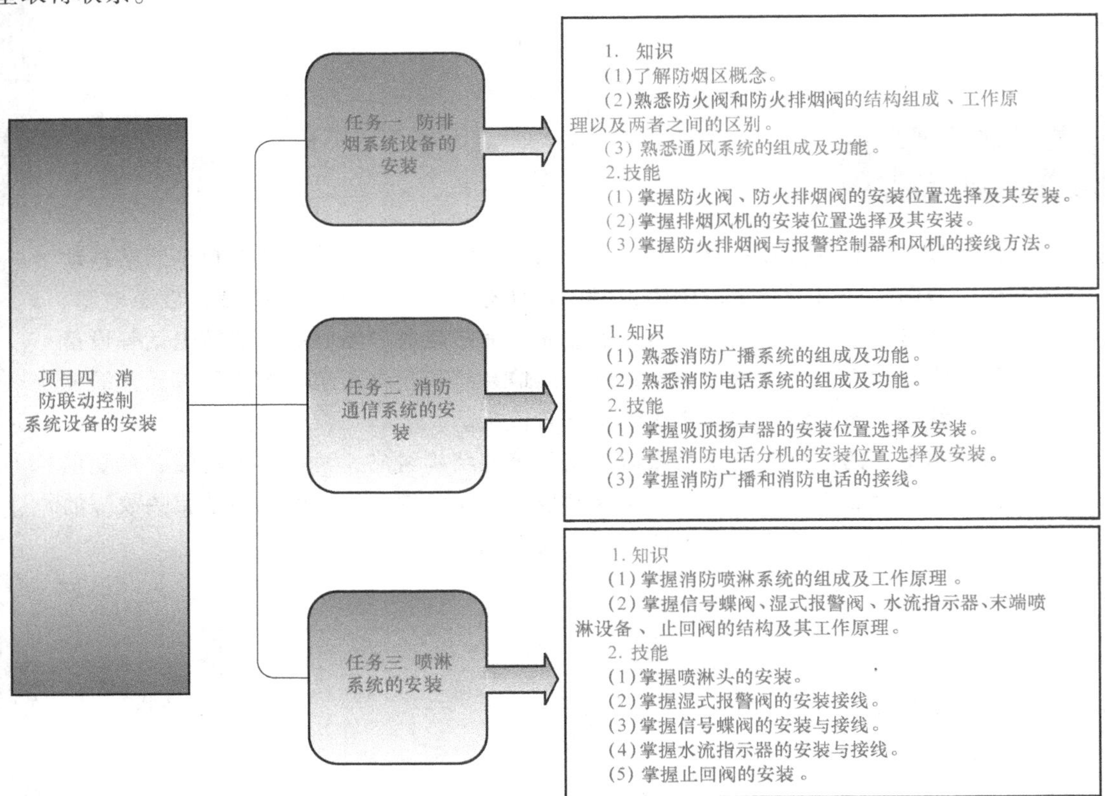

图 4-1 项目四分析

3）在旅馆每个房间、走廊上、控制室安装消防喷淋系统，包括末端喷淋设备、湿式报警阀、信号蝶阀、联动控制模块等。确保在火灾初始阶段喷淋系统能够自动喷淋扑灭火灾。

项目中具体所要完成的任务和项目中所需掌握的知识点和技能如图 4-1 所示。

任务一　防排烟系统设备的安装

※任务描述※

防排烟系统一般是由送排风管道，管井，防火阀，门开关设备，送、排风机等设备组成的。在发生火灾的时候，防排烟系统能够暂时阻断火势蔓延，给逃生者争取宝贵的时间。防排烟系统是否正确安装直接关系到整个系统的性能，本任务中我们要按照图 4-2 中的施工流程完成防火阀、防火排烟阀以及排烟风机的安装与接线。

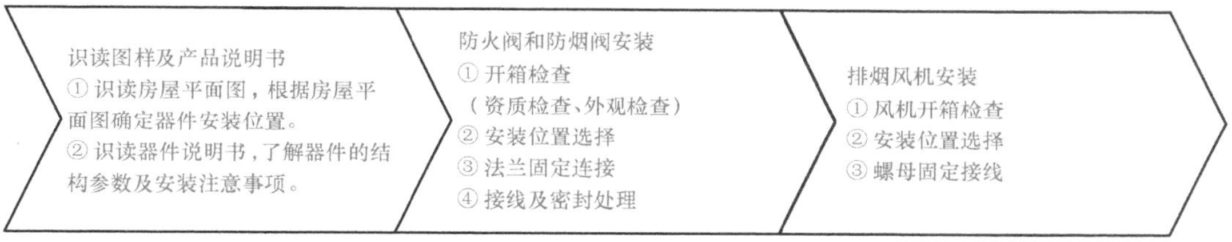

识读图样及产品说明书
① 识读房屋平面图，根据房屋平面图确定器件安装位置。
② 识读器件说明书，了解器件的结构参数及安装注意事项。

防火阀和防烟阀安装
① 开箱检查
（资质检查、外观检查）
② 安装位置选择
③ 法兰固定连接
④ 接线及密封处理

排烟风机安装
① 风机开箱检查
② 安装位置选择
③ 螺母固定接线

图 4-2　施工流程

※相关知识※

防排烟系统是防烟系统和排烟系统的总称。防烟系统是采用机械加压送风方式或自然通风方式防止烟气进入疏散通道的系统；排烟系统是采用机械排烟方式或自然通风方式，将烟气排至建筑物外的系统。

（1）机械防排烟系统　机械防排烟系统，都是由送、排风管道，管井，防火阀，门开关设备、送、排风机等设备组成的。防烟系统设置形式为楼梯间正压。机械排烟系统的排烟量与防烟分区有着直接的关系。

（2）自然防排烟系统　防烟楼梯间前室或合用前室，利用敞开的阳台、凹廊或前室内不同朝向的可开启外窗自然排烟时，该楼梯间可不设机械排烟设施。该系统利用建筑的阳台、凹廊或在外墙上设置便于开启的外窗进行排烟。

一、防烟区

1. 防烟区概念

防烟分区是指采用挡烟垂壁、隔墙或从顶棚下突出不小于 50cm 的梁等具有一定耐火性能的不燃烧体来划分的防烟、蓄烟空间。防烟分区是为有利于建筑物内人员安全疏散和有组织排烟，而采取的技术措施。大量火灾事故表明，建筑物内发生火灾时，烟气是阻碍人们逃生和灭火扑救行动，导致人员死亡的主要原因之一。因此将高温烟气有效地控制在设定的区域，并通过排烟设施迅速排出室外，才能有效地减少人员伤亡和财产损失，并防止火灾的蔓延发展。

2. 防烟分区的设置原则

设置防烟分区时，如果面积过大，会使烟气波及面积扩大，增加受灾面，不利于安全疏散和扑救；如面积过小，不仅影响使用，还会提高工程造价。

1）不设排烟设施的房间（包括地下室）和走道，不划分防烟分区。

2）防烟分区不应跨越防火分区。

3）对有特殊用途的场所，如地下室、防烟楼梯间、消防电梯、避难层间等，应单独划分防烟分区。

4）防烟分区一般不跨越楼层，某些情况下，如 1 层面积过小，允许包括 1 个以上的楼层，但以不超过 3 层为宜。

5）每个防烟分区的面积，对于高层民用建筑和其他建筑（含地下建筑和人防工程），其建筑面积不宜大于 $500m^2$；当顶棚（或顶板）高度在 6m 以上时，可不受此限。此外，需设排烟设施的走道、净高不超过 6m 的房间应采用挡烟垂壁、隔墙或从顶棚突出不小于 0.5m 的梁划分防烟分区，梁或垂壁至室内地面的高度不应小于 1.8m。

二、防火阀

防火阀，常开，70℃或者 280℃时关闭，一般安装在风管穿越防火墙处，起火灾关断作用，可以设置输出电信号，温度超过 70℃或者 280℃时阀门关闭，联动送（补）风机关闭。

1. 产品分类

1）防火阀，常开，70℃时关闭，一般安装在风管穿越防火墙处，起火灾关断作用，可以设置输出电信号，温度超过 70℃时阀门关闭，联动送（补）风机关闭。

2）防烟防火调节阀，常开，70℃时关闭，同 1)，多一个电信号输入，可由消防控制室远程控制关闭，一般用于平时送风、火灾补风共用风管系统中，火灾时可控制关闭不需要补风的房间。

3）常开型排烟防火阀（图 4-3），280℃熔断关闭，常开，输出电信号，同 1)，只是熔

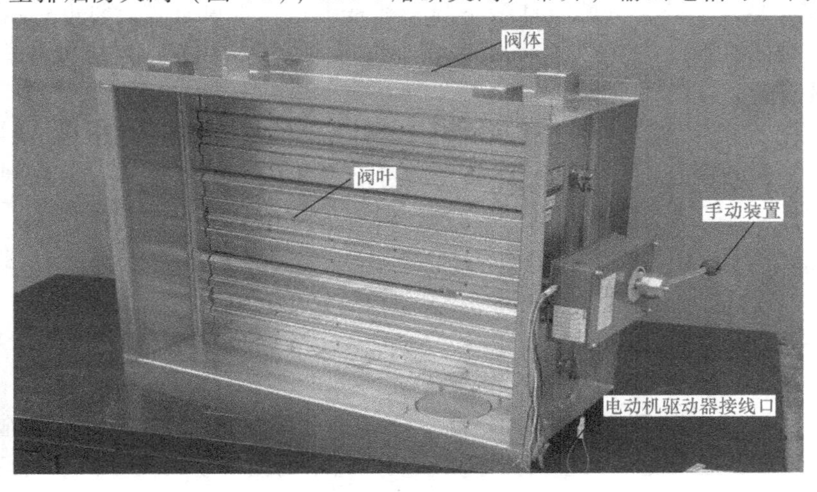

图 4-3 防火阀

断温度不同，一般应用于火灾排烟管穿越防火墙处，当烟气温度超过 280℃ 自动熔断关闭，且可联动关闭排烟风机。

2. 选用要点

1）防火阀的选用要结合实际环境选取合适的规格。

2）防火阀适用于通风空调系统，除公共建筑的厨房排油烟系统用防火阀动作温度为 150℃外，一般通风空调系统用防火阀动作温度为 70℃。

3）防火阀适用于通风、空调或排烟系统的管道上，根据其基本功能和适用范围选取。

4）选用阀门时应注意阀门的功能，如常开还是常闭、自动关闭开启、手动关闭开启、手动复位、信号输出、远距离控制等要求。

5）阀门若与风机联动，应选用带双微动开关装置。

6）阀体叶片应为钢板，厚度为 2~6mm，阀体为不燃材料制作，转动部件应采用耐腐蚀的金属材料，并转动灵活。阀门的外壳厚度不得小于 2mm。易熔部件应符合消防部门的认可标准。

三、排烟阀

排烟阀又叫防火排烟阀（图 4-4）一般用于排烟系统的风管上，平时常闭，发生火灾时烟感探头发出火警信号，消防控制中心通过 DC 24V 电压将阀门打开排烟，也可手动使阀门打开，手动复位。阀门开启后可发出电信号至消防控制中心。根据要求，还可与其他设备联锁。排烟阀与普通百叶风口或板式风口组合，构成排烟风口。

图 4-4　防火排烟阀

1. 性能特点

1）平时呈常开状态，火灾时感烟（温）探测器通过控制中心发来电气信号（DC 24V），执行机构内的电磁铁通电动作，阀门自动关闭，并输出关闭电信号。

2）阀门可手动关闭或温度到达 70℃时熔断器动作关闭。

3）阀门有六档调节风量开度。

4）手动关闭，手动复位开启。

2. 主要技术参数

1）易熔片动作温度：70℃。

2）控制电源电压：DC 24V±10%；电流≤0.7A。

3）微动开关接点容量：AC 380V、3A。

3. 结构组成

包括阀体、阀叶、轴、轴衬、熔断器、检查口和执行机构。

四、通风系统

实际工程中为了节约成本，通常采用通风系统和排烟系统共用一套管道的方案，所以在安装排烟系统前需要先了解通风系统。

通风是借助换气稀释或通风排除等手段，控制空气污染物的传播与危害，实现室内外空气环境质量保障的一种建筑环境控制技术。通风系统就是实现通风这一功能，包括进风口、排风口、送风管道、风机、降温及供暖、过滤器、控制系统以及其他附属设备在内的一整套装置。

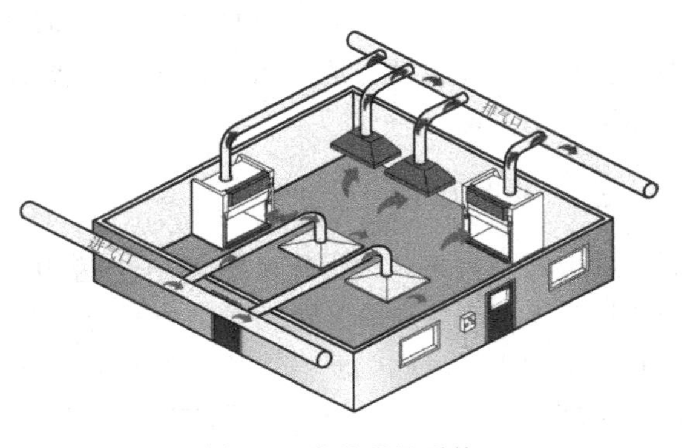

图 4-5　常见通风系统

1. 系统分类（图 4-5）

1）按通风动力分为自然通风、机械通风。

2）按照通风服务范围分为全面通风、局部通风。

3）按气流方向分为送（进）风、排风（烟）。

4）按通风目的分为一般换气通风、热风供暖、排毒与除尘、事故通风、防护式通风和建筑防排烟等。

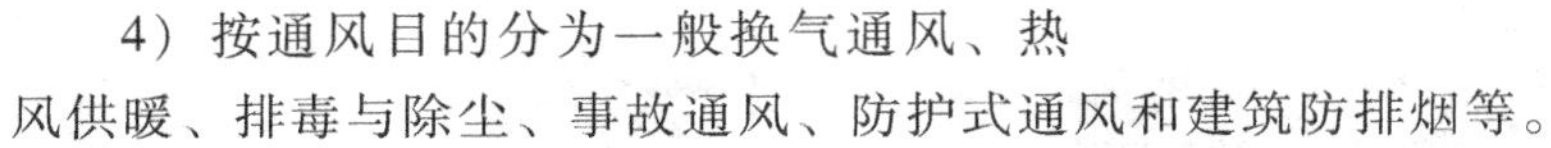

5）按动力所处的位置分为动力集中式和动力分布式。

2. 系统功能

1）用室外的新鲜空气更新室内由于居住及生活过程而污染了的空气，以保持室内空气的洁净度达到某一最低标准的水平。

2）增加体内散热及防止由皮肤潮湿引起的不舒适，此类通风可称为热舒适通风。

3）当室内气温高于室外的气温时，使建筑构件降温，此类通风称为建筑的降温通风。

※任务实施※

任务实施步骤见表 4-1。

表 4-1　任务实施步骤

步骤	任务内容	说　明
机具材料准备	1. 房屋平面图，报警主机说明书，器件说明书（防火阀、防烟阀、风机说明书） 2. 斜口钳、各号扳手、螺钉旋具套件、剥线钳、万用表、手电钻、脚手架	安装耗材需要根据需求准备：若干导线、绝缘胶带、石膏

（续）

步骤	任务内容	说明
识读图样及产品说明书	1. 通过图样了解器件安装位置 2. 通过产品说明书了解产品参数及安装注意事项	1. 通过房屋平面图知道通风系统与排烟系统共用一套管道，安装在楼梯口位置 2.通过产品说明书着重了解以下几点：产品参数（熔断温度、开启电压等）、产品安装注意事项等 3.消防联动控制器的电压输出控制在DC 24V，其电源容量应满足受控消防设备同时启动且维持工作的控制容量要求 4. 各受控设备接口的特性参数应与消防联动控制器发出的联动控制信号相匹配
防火阀安装	1.防火阀检查 （1）性能检查 （2）易熔片检查 2.风管和防火阀连接 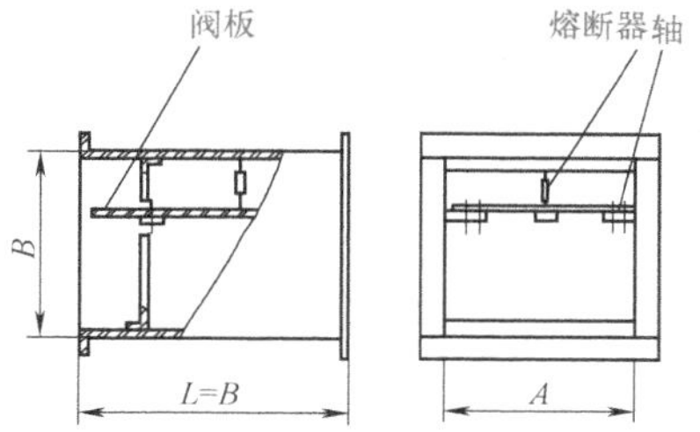 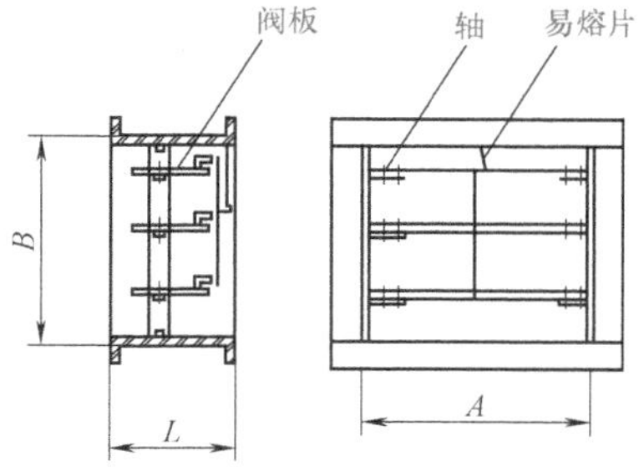 （1）法兰连接 	1.防火阀是特殊阀门，生产厂家必须要有相应的资格认证，该厂家生产的产品也要得到施工所在地公安部门的认可，其次是产品要有出厂合格证。产品性能检查：如检查转动部分的灵活性，输入输出信号的正确性等。若用于洁净系统中，阀门镀锌情况及密闭性能是检查的重点

（续）

步骤	任务内容	说 明
防火阀安装	(2)防火阀接线 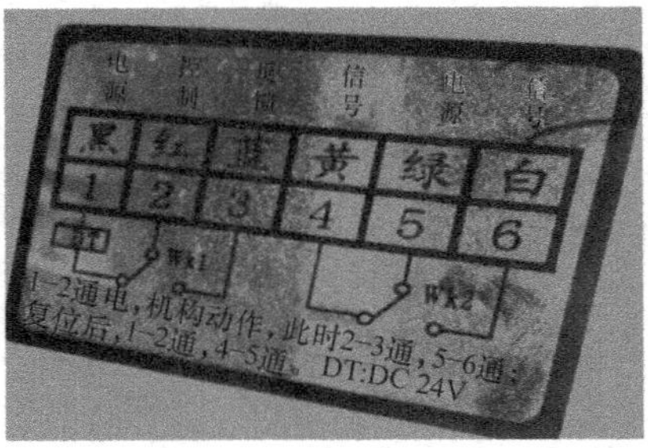 (3)密封处理 	2.防火阀易熔片是由两块厚度为1.1mm纯铜板搭接用易熔金属混合物焊接而成的，其机械强度不高。在运输过程中，由于弹簧的拉力和焊接的缺陷，易熔片往往会断开不能使用。在施工过程中，必须做检查，如有断裂，必须更换 3. 防火阀与风管的连接一般用法兰连接，如左图所示，在防火阀两边必须垫上密封垫，然后，法兰一边上螺钉一边上螺母（螺母要垫垫片）。用扳手固定即可 4. 防火阀需要跟通风风机联动，有两种接法：通过防火阀触点直接联动风机起停（一般通过中继实现）；另一种就是防火阀触点信号接入消防输入模块，传递信号到消防系统，由消防系统联动输出模块控制风机起停。接线时，红、黑线分别接24V电源正、负极，绿、白线接信号输出 5. 安装完成以后需要对法兰接口处进行密封处理，一般用密封胶带，如缺口较大则用石膏进行裂缝填补
排烟阀安装	1. 防排烟阀检查 1)性能检查 2)配件检查 2. 风管与排烟阀连接（同防火阀） 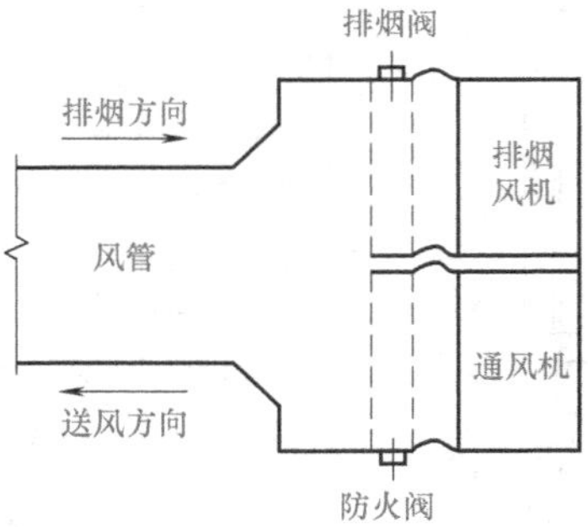 3. 排烟阀接线 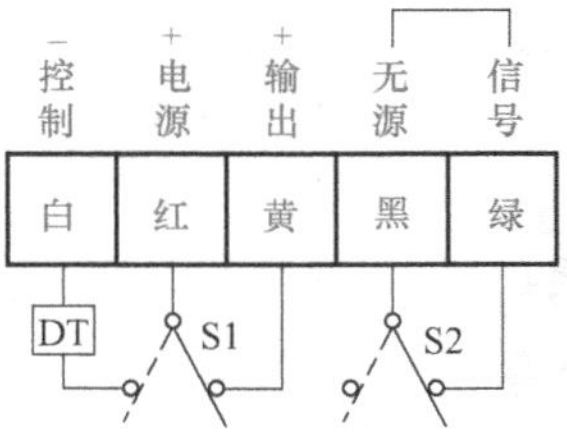 4. 密封处理（同防火阀）	1. 排烟阀的检查、安装都与防火阀类似，这里不再赘述 2. 排烟阀接线：红、白线（又称A、B）分别接电源24V的正、负极，黑、绿线（又称D、E）接联动信号输出（反馈给报警主机或者输出给排烟风机）

师傅点拨：防排烟系统中，为了节约成本，一般情况下排烟和通风会共用一套风管，这样既省去了设计布管的成本，也极大地方便了安装人员

（续）

步骤	任务内容	说明
排烟风机安装	1. 风机检查 2. 风机固定 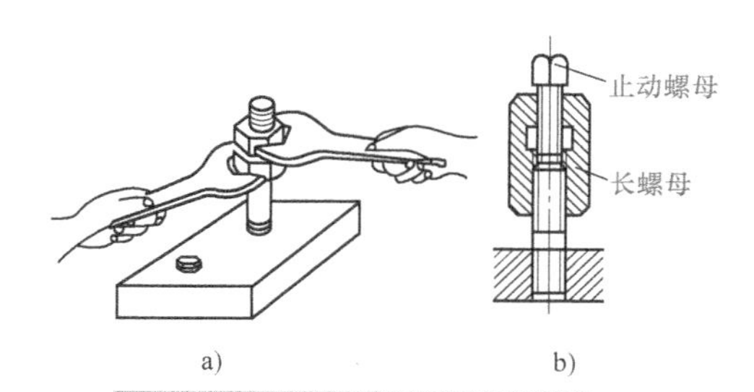 a)　　　　b)  3. 风机接线 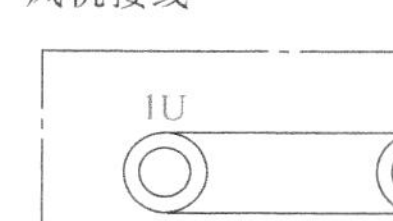 高速(YY)接线原理 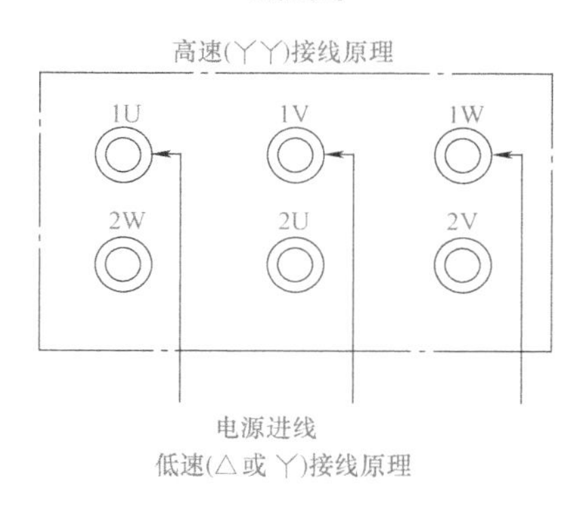 低速(△或Y)接线原理	1. 对箱内设备名称、规格、型号、数量及零部件进行检查，并对设备、零部件的外观进行检查，确认其外观完好无缺陷，并做好开箱检查记录。对供货厂家提供的资料进行细致的了解，掌握其结构、技术性能、关键注意点等，技术人员应根据所掌握的材料及使用的机具进行安装 2. 风扇安装前必须清除内部铁锈、泥沙等杂物，并对基座进行清理，使安装表面平整，待土建施工人员做好孔洞后用4个螺母分别固定风扇四角 3. 低速为1#线端子进电，2#线端子空；高速为1#线端子串联，2#线端子进电。严禁在调试过程中将接线端子混淆，否则电动机立即烧毁。实际工程中一般选择高速接法
	师傅点拨：风机的安装和排烟机安装类似，防火阀一般与通风风机进行联锁，排烟阀一般与主机联动，主机再跟风机联动	

※任务检测※

任务检测内容见表 4-2。

表 4-2　任务检测内容

检测任务	检测内容	检测标准
识读图样及产品说明书	1. 能够通过图样确定设备的安装位置 2. 通过阅读设备的说明书了解设备的主要参数及安装中的主要事项	1. 房屋平面图中标注了风机安装位置，经过实地勘察，如果需要对设计图进行更改必须与设计单位进行沟通，更改点必须标注在设计图上 2. 安装产品之前必须先仔细阅读产品说明书，主要参数包括电器参数、结构参数
防火阀安装	1. 检查防火阀的性能、易熔片是否符合要求 2. 正确连接风管和防火阀 3. 防火阀的接线满足接线要求 4. 密封处理正确且美观	1. 易熔片是防火阀的触发器件，安装之前必须检查其是否断裂 2. 防火阀应安装在送风风机前面，且垂直风管在和每层水平风管的连接处 3. 任务中应采用防火阀直接联锁送风风机接线
排烟阀安装	1. 检查排烟阀的性能是否符合要求及其配件是否完好、齐全 2. 正确连接风管与排烟阀 3. 排烟阀接线满足相应的接线要求 4. 密封处理正确美观	1. 安装排烟阀前也需要进行开箱检查 2. 排烟阀应安装在送排烟风机前面，且垂直风管在和每层水平风管的连接处 3. 任务中采用排烟阀反馈报警控制器，报警控制器再联动排烟风机
排烟风机	1. 检查风机是否完好 2. 风机固定牢固且周正美观 3. 接线满足相应的接线要求	1. 安装前应检查 产品合格证、产品安装配件、风机叶轮是否完好 2. 排烟风机安装在排烟阀后方与送风风机共用风管 3. 排烟风机由消防报警主机控制联动

任务二　消防通信系统的安装

※任务描述※

消防通信系统是消防联动控制系统的重要组成之一，消防通信系统主要包括消防广播系统和消防电话系统。在本任务中要按照图 4-6 所示流程完成消防广播系统和消防电话系统的安装。

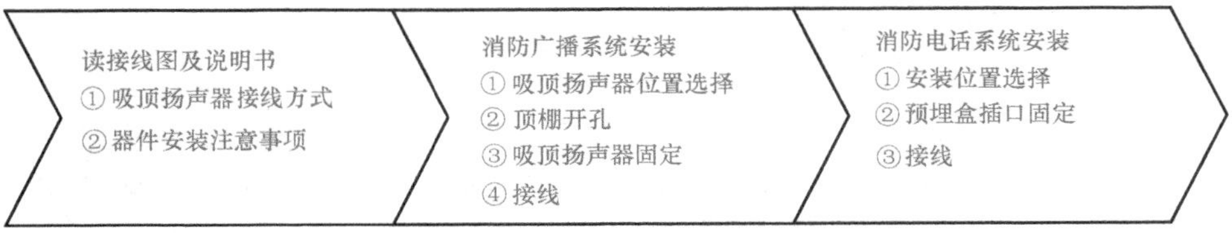

读接线图及说明书	消防广播系统安装	消防电话系统安装
① 吸顶扬声器接线方式 ② 器件安装注意事项	① 吸顶扬声器位置选择 ② 顶棚开孔 ③ 吸顶扬声器固定 ④ 接线	① 安装位置选择 ② 预埋盒插口固定 ③ 接线

图 4-6　施工流程

※相关知识※

消防广播系统也叫应急广播系统（图 4-7），是火灾逃生疏散和灭火指挥的重要设备，在整个消防控制管理系统中起着极其重要的作用。在火灾发生时，应急广播信号通过音源设备发出，经过功率放大后，由广播切换模块切换到广播指定区域的音箱实现应急广播。一般的广播系统主要由主机端设备（音源设备、广播功率放大器、火灾报警控制器（联动型）等）及现场设备（输出模块、音箱等）构成。

消防电话系统是消防通信的专用设备，当发生火灾报警时，它可以提供方便快捷的通信手段，是消防控制及其报警系统中不可缺少的通信设备，消防电话系统有专用的通信线路，现场人员可以通过现场设置的固定电话和消防控制室进行通话，也可以用便携式电话插入插孔式手报或者电话插孔与控制室直接进行通话。

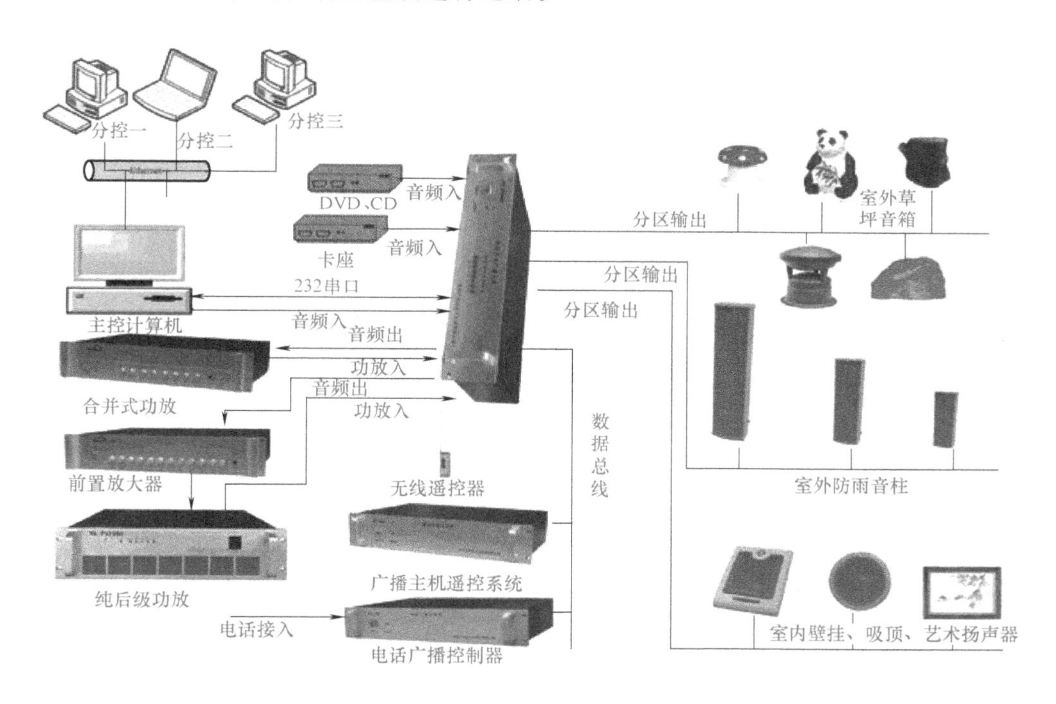

图 4-7　完整消防广播系统示意图

一、消防广播分配盘

消防广播分配盘（又称消防广播控制器）是消防应急广播系统配套产品，它与音源设备、广播功率放大器、音箱、输出模块等设备共同组成消防应急广播系统。同时它也通过串行总线与消防控制器相连接，一起完成消防联动控制。另外，根据现场的需要，它可以外接两个扩展键盘，增大了控制区域数量，还可以同时接入最多两路功放，以满足工程上的最大限度的需要。在作为应急广播的同时也兼顾了正常广播播音的需要，二者自由切换，应急广播优先。消防广播分配盘的主要功能有以下三点：①可提供消防广播输出控制；②可实时检测扬声器线路，开、短路故障时告警；③与控制器通过 CAN 总线连接。

二、广播功率放大器

广播功率放大器简称广播功放（图 4-8），是一种将来自信号源（专业音响系统中则是来自调音台）的微弱电信号进行放大以驱动扬声器发出声音的设备。

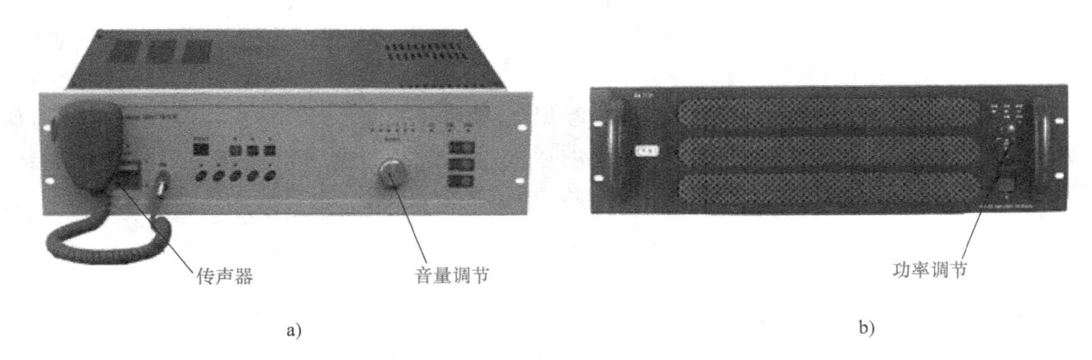

a)　　b)

图 4-8　消防广播系统的主要组成

a）消防广播分配盘　b）广播功率放大器

在消防广播系统中，消防扬声器对功率要求比较高（几瓦到几百瓦），消防广播盘没有功率输出功能，只有信号输出（毫瓦级别）功能。所以要在消防广播分配盘后接广播功放才能驱动消防扬声器。一般广播系统使用定压输出功放，而音响系统使用定阻输出功放。广播功放有 70V、100V、120V 三种输出方式，适用于远距离有线广播和多个扬声器并联使用，音质比较差。广播功放用在要求音质不是很高的大空间。注意定压不是直流概念中的维持固定电压电流不变，指输出在额定负载额定功率输出的条件下，电压有效值恒定。定压功放以多个定压音箱并联的形式连接，功率不超过定压功放的总功率。

在民用建筑工程设计中，广播系统可分为以下几类：

1）面向公众区（商场、车站、码头、商场、餐厅、走廊和教室等）和停车场等的公共广播系统：这种系统主要用于语音广播，因此清晰度是首要的。而且，这种系统往往平时进行背景音乐广播，在出现灾害或紧急情况时，又可转换为紧急广播。

2）面向宾馆客房的广播音响系统：这种系统包括客房音响广播和紧急广播，常由设在客房中的床头柜上，客房广播含有多个可供自由选择的波段，在紧急广播时，客房音响广播即自动中断，自动切换为紧急广播。

3）以礼堂、剧场、体育馆为代表的厅堂扩声系统：这是专业性较强的扩声系统，它不仅要考虑电声技术问题，还要涉及建筑声学问题。两者都要统筹兼顾，不可偏废，这类广播系统往往有综合性、多用途的要求，不仅可供会场语言扩声使用，还常常用于文艺演出等，对于大型现场演出的音响系统，电功率少则几万瓦，多的达数十万瓦，所以要用大功率的扬声器和功率放大器。此外，扬声系统在系统的配置和器材选用方面也有一定的要求，同时应注意电力线路的负荷问题。

4）面向会议室、报告厅等的广播音响系统：这类系统一般也是设置成公共广播提供的背景音乐和紧急广播两用的系统，但因其特殊性，故也常在会议室和报告厅单独设置会议广播系统。对要求较高的建筑如国际会议厅等，还需另行设计诸如同声传译系统、会议表决系统以及大屏幕投影电视等的专用视听系统。

从上面介绍可知，各种大楼、宾馆及其他民用建筑物的广播音响系统基本上可以归纳为三种类型。一是公共广播系统（Public Address System，PAS），这种是有线广播系统，它包括背景音乐和紧急广播功能，通常结合在一起，平时播放背景音乐或其他节目，出现火灾等紧急情况时，转换为报警广播。这种系统中的广播用的传声器与向公众广播的扬声器一般不处于同一房间内，故不存在声反馈的问题，并采用定压式传输方式。二是厅堂扩声系统，这种系统使用专业音响设备，并要求有大功率的扬声器系统和功放，由于传声器与扩声用的扬声器同处于一个厅堂内，故存在声反馈乃至啸叫的问题，且因其距离较短，所以系统一般采用低阻直接传输方式。三是会议室报告厅用的会议系统，它虽然也属于扩声系统，但有其特殊要求，如同声传译系统等。

三、消防电话主机

消防电话总机（图 4-9），是消防应急通信系统必备的通信产品之一。当发生火灾事故时，它可以为人们提供方便、快捷的通信。它广泛应用于建筑的各个领域。

1. HY5711B 电话主机功能

1）系统可容纳 99 个地址编码，最大传输距离可达 1500m。

2）实时自动巡检，且巡检速度快，满载时巡检周期只需 1s。

3）总机可以同时与多部分机进行通话，通话/呼叫的分机数可达 5 部。

4）具有液晶汉字图形显示功能，可以直观地了解各种功能操作及工作状态。

5）可存储 9h 以上的通话录音，及 500 条呼叫通话记录；能准确记录每部分机呼叫、通话发生的时间、类型及通话内容。

6）总机可即时进行短路、断路的故障报警。

7）设有一路非编码消防电话分机的单路通话输出，在该单路通话线路上可配接 30 个非编码消防电话分机或非编码消防电话插孔，可以允许同时有 3 部分机通话。

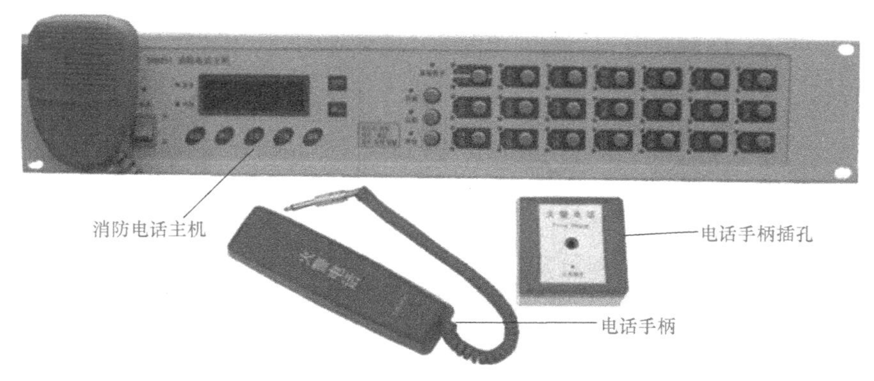

图 4-9　消防电话总机

2. 布线要求

1）电话线宜选用截面积不小于 1.0mm^{2}的阻燃双色双绞软铜线（ZR-RVS2×1.0mm^2），在干扰严重的现场应使用截面积不小于 1.0mm^{2}的屏蔽阻燃铜芯电缆（ZR-RVVP2×1.0mm^2）。

2）电源线宜选用截面积不小于 1.5mm^{2}的阻燃双色双绞软铜线（ZR-RVS2×1.5mm^2）

或选用截面积不小于 1.5mm^{2}的阻燃铜芯电缆（ZR-KVV2×1.5mm^2）。

3）穿管时，要求电话线与电源线独立敷设，分别穿入金属管、阻燃硬质塑料管或封闭式线槽中，严禁与其他传输系统线路或消防系统中的信号线、电源线、电话线、起泵回答线、直启线等穿入同一管中敷设。

※任务实施※

任务实施步骤见表 4-3。

表 4-3　任务实施步骤

步骤	步骤内容	说　明
机具材料准备	1. 施工图 2. 安装工具：扳手、螺钉旋具套件、手持电钻、开孔器、万用表、卡尺	安装耗材根据实际情况准备：若干绝缘胶带、石膏、埋线盒、导线
识读图样及产品说明书	1. 识读接线图 2. 阅读产品说明书	1. 识读施工接线图的时候主要看消防扬声器的接线方式 2. 通过读产品说明书了解产品参数、联动主机与报警主机的连接方式（RS485）、产品安装注意事项等
消防广播系统的安装	1. 布线及安装位置选择 布线采用沿顶棚暗敷设（CE） 沿墙明敷设（WE） 2. 开孔（安装扬声器用）  3. 吸顶扬声器安装 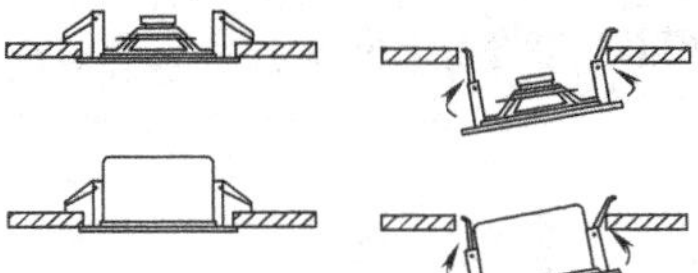 4. 接线 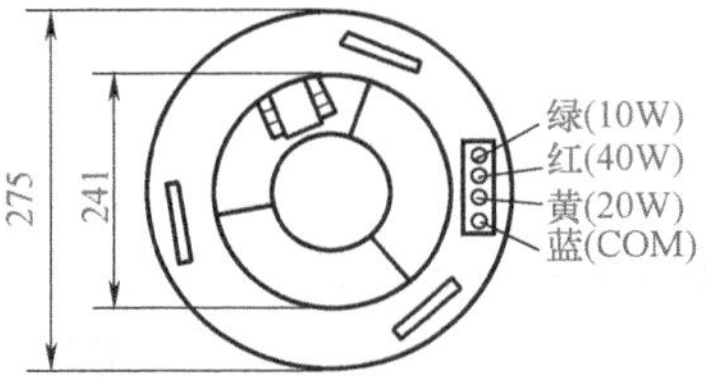	1. 根据《火灾自动报警系统设计规范》第 6.6.1 条，消防应急广播扬声器的设置应符合下列规定：民用建筑内扬声器应设置在走道和大厅等公共场所。每个扬声器的额定功率不应小于 3W，其数量应能保证从一个防火分区内的任何部位到最近一个扬声器的直线距离不大于 25m。走道末端距最近的扬声器距离不应大于 12.5m。客房内设置专用扬声器，其功率不宜小于 1W 2. 开孔前卸下开孔位置顶棚，调节开孔钻头直径（根据吸顶扬声器调整） 3. 在已有的吊顶顶棚上开一个孔，把扬声器两边的卡环用力竖起来，对着开好的孔，放进去，手放开，扬声器两边的卡环自动卡在顶棚上 4. 按照实际需求选择喇叭输出功率，蓝线为公共地端。这里选择输出功率为 20W，所以选择黄线和蓝线分别连接报警主机

(续)

步骤	步骤内容	说明
消防电话系统安装	1. 布线及安装位置选择 布线采用沿墙敷设(WC) 2. 插口安装 (1)安装位置选择 (2)安装示意图 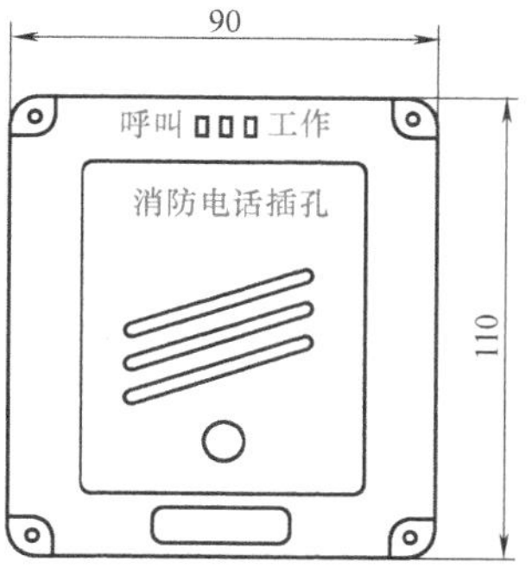 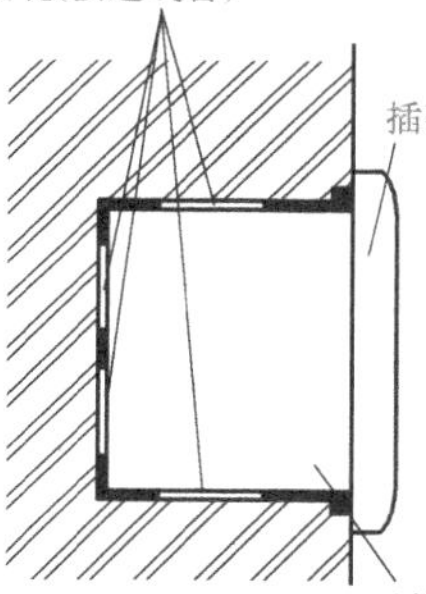 90 110 呼叫 工作 消防电话插孔 敲落孔(接进线管) 插孔 预埋盒86H50 3. 分机地址编码 4. 消防电话系统接线 消防电话主机端口  Z1 Z2 D1 D2 TL1 TL2 L1 L2	1. 根据《火灾自动报警系统设计规范》第 6.7.4 条,电话分机或电话插孔的设置应符合下列规定:设有手动火灾报警按钮或消火栓按钮等处宜设置电话插孔,并宜选择带有电话插孔的手动火灾报警按钮;各避难层应每隔 20m 设置一个消防专用电话分机或电话插孔;电话插孔在墙上安装时,其底边距地面高度宜为 1.3~1.5m。 2. 根据上述设计规范,电话插孔在墙上安装时,其底边距地面高度宜为 1.3~1.5m。用 4 个螺钉将电话插孔底板固定在墙面上 3. 用编码器设置好该总线插孔的地址编码。地址编码为 1~99 号 4. 接线端子及其连接:Z1、Z2 接火灾报警控制器两总线,无极性;D1、D2 接 DC24V 电源,无极性;TL1、TL2 与 GST-LD-8312 连接(插孔电话分机);L1、L2 与消防电话总线连接,无极性

※任务检测※

任务检测内容见表 4-4。

表 4-4 任务检测内容

检测任务	检测内容	检测标准
识读图样及产品说明书	1. 通过图样的识读,能够确定相关设备的安装位置 2. 通过阅读产品说明书了解设备的性能、参数等	1. 通过房屋平面图了解设备安装位置,再结合实地勘察,如需做出调整,需符合设计规范并在设计图上做出标注 2. 安装之前仔细阅读产品说明书,了解电气参数、设备功能、设备结构参数

（续）

检测任务	检测内容	检测标准
消防广播系统的安装	1. 按要求完成布线及设备安装位置的选择 2. 按图样要求将消防广播扬声器安装在对应的位置，牢固美观 3. 正确连接不同颜色的接线	1. 任务中使用的消防报警主机具有扬声器驱动模块，只需要把扬声器直接连接到报警主机对应模块即可 2. 根据验收规范，民用建筑内扬声器应设置在走道和大厅等公共场所，每个扬声器的额定功率不应小于3W，其数量应能保证从一个防火分区内的任何部位到最近一个扬声器的直线距离不大于25m，走道末端距最近的扬声器距离不应大于12.5m。客房内设置专用扬声器，其功率不宜小于1W。 3. 广播通信的安装应在房屋装修基本完毕后进行，应尽量避开与其他工程同时施工，如实在不能避开时，应使用专用保护罩或塑料袋进行保护，避免因灰尘、涂料污染而损坏
消防电话系统的安装	1. 按要求完成布线及设备安装位置的选择 2. 确定合适的接口安装位置，且安装过程符合相关要求 3. 按需求完成地址编码 4. 接线正确且美观	1. 消防电话布线需要分清信号线和电源线 2. 电话分机或电话插孔的设置，应符合下列规定： （1）设有手动火灾报警按钮或消火栓按钮等处宜设置电话插孔，并宜选择带有电话插孔的手动火灾报警按钮 （2）各避难层应每隔20m设置一个消防专用电话分机或电话插孔； （3）电话插孔在墙上安装时，其底边距地面高度宜为1.3~1.5m。 3. 电话分机编码正确，报警主机能够识别电话分机。 4. 分机和电话主机接TL1和TL2，电话主机和消防报警主机通过Z1、Z2连接通信（无极性）

任务三　喷淋系统的安装

※任务描述※

消防联动控制系统除了消防广播系统、消防电话系统、防排烟系统外，还有最主要的消防喷淋系统。在本任务中将按照图4-10中所示流程完成消防喷淋系统的安装，主要包括喷淋头安装、信号蝶阀安装、水流指示器安装和止回阀安装。

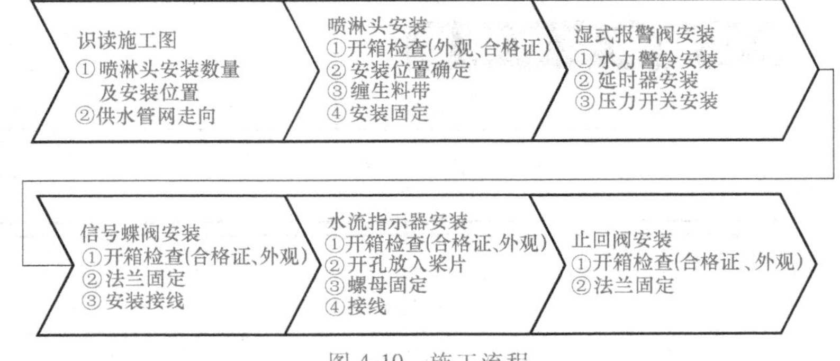

图4-10　施工流程

※相关知识※

消防喷淋系统是一种消防灭火装置，它是一种应用十分广泛的固定消防设施，具有价格低廉、灭火效率高等特点。根据功能不同，它可以分为人工控制和自动控制两种形式。系统安装报警装置，可以在发生火灾时自动发出警报，自动控制式的消防喷淋系统还可以自动喷水并且和其他消防设施同步联动工作，因此能有效控制、扑灭初期火灾。

一、消防喷淋系统简介

1. 分类

（1）人工控制系列　人工控制就是当发生火灾时需要工作人员打开消防泵为主干管道供压力水，喷淋头在水压作用下开始工作。

（2）自动控制系列　自动消防喷淋系统是一种在发生火灾时，能自动打开喷头喷水灭火并同时发出火灾报警信号的消防灭火设施。自动喷淋灭火系统具有自动喷水、自动报警和初期火灾降温等优点，并且可以和其他消防设施同步联动工作，因此能有效控制、扑灭初期火灾，现已广泛应用于建筑消防中。自动消防喷淋系统分为感烟式和感温式两种。

2. 主要组成

消防喷淋系统（图 4-11）主要由供水系统、系统管网、末端设备等组成。

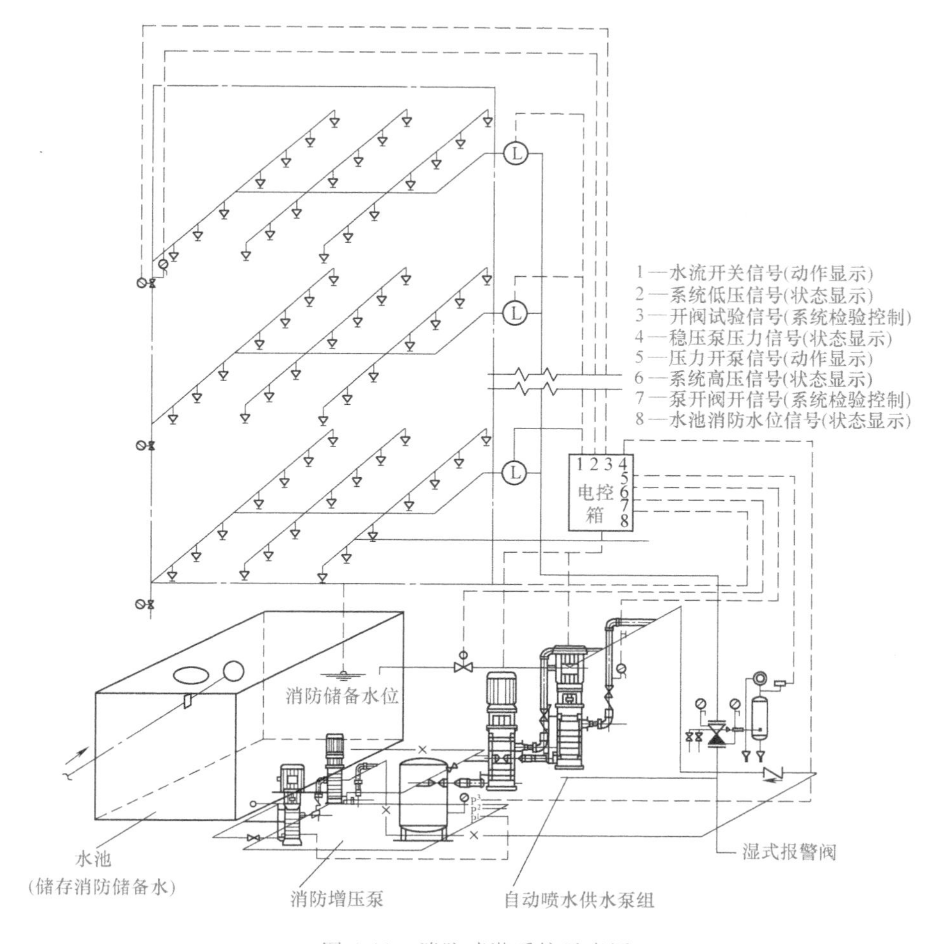

图 4-11　消防喷淋系统示意图

供水系统一般由消防水泵、闸阀、止回阀、湿式报警阀、信号蝶阀、消防高位水箱、稳压泵和稳压罐等设备组成。主要功能是为起火现场提供水源。消防水泵房提供 2h 供水量，高位水箱间提供 10min 用水量。

系统管网由主立管、水平主立管、水流指示器、信号蝶阀和支管组成。主要功能是输送灭火介质，主要是水。水流指示器的主要功能是监视管网内水流动与静止的情况，如果管网内有水流动，则提供反馈信号至消防控制室。

末端设备主要由喷头、末端试水装置组成，喷头在温度达到设定值（68℃、93℃、141℃等）时破裂，水从中流出，起到灭火效果。末端试水装置主要反应管网压力，并可以模拟喷水信号，反馈至消防控制室。

人工控制系列消防喷淋系统由消防泵、水池、主干管道、喷淋头和末端排水装置组成。

自动喷淋灭火系统由水池、阀门、水泵、气压罐控制箱、主干管道（+屋顶水箱）、分支次干管道、信号蝶阀、水流指示器、分支管、喷淋头、排气阀和末端排水装置组成。

3. 工作原理

（1）感温式消防喷淋系统　平时屋顶消防水箱装满水，当发生火灾时喷头在温度达到一定温度后（一般是 68℃）自动爆裂，管内的水在屋顶消防水箱的作用下自动喷出，这时湿式报警阀会自动打开，阀内的压力开关自动打开，而这个压力开关有根信号线和消防泵联锁，泵就自动启动了。然后消防泵把水池的水通过管道提供到消火栓、屋顶水箱和喷头，整个消防系统开始工作。

（2）感烟式消防喷淋系统

① 有的是系统装有感烟探测器对烟气进行侦测，当烟气达到一定浓度时，感烟探测器报警，经主机确认后反馈到声光报警器动作，发出声音或闪烁灯光警告人们，并联动防排烟风机启动，开始排烟，同时启动水泵向主干管道供水，喷淋头开始喷水工作。

② 有的是对烟雾感应开始工作。

二、室内消防供水系统

室内消防供水系统由消防水泵、闸阀、止回阀、湿式报警阀、信号蝶阀、消防高位水箱、稳压泵和稳压罐等设备组成。设置室内消防给水系统的目的是为了有效地控制和扑救室内的初期火灾，对于较大的火灾主要求助于城市消防车赶赴现场，由室外消防给水系统取水加压进行扑救灭火。对于高层建筑，原则上立足于自救。

1. 信号蝶阀与喷淋系统

信号蝶阀（图 4-12）一般安装在两个部位：楼层水平干管水流指示器前端，主干管湿式报警阀前端。

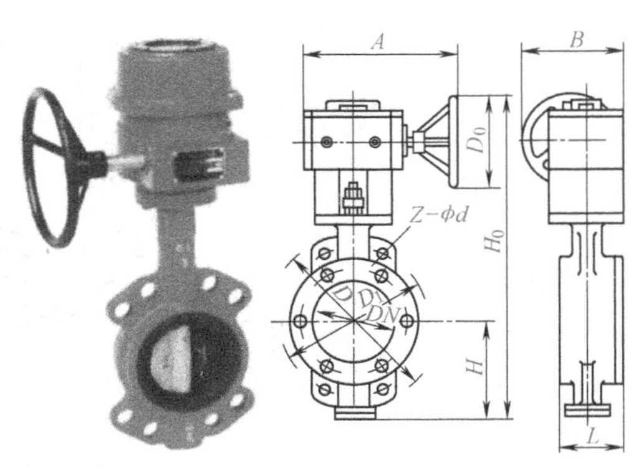

图 4-12　信号蝶阀结构

楼层水平干管安装信号蝶阀的作用，一是当楼层喷淋系统需要维修时，关闭此阀，打开末端放水，放空本楼层喷淋系统内的水，进行维修；二是喷淋系统内是不允许无水的，当这个蝶阀关闭时，会传输一个信号给消防报警系统，消防报警系统接收一个监视信号

（所以叫信号蝶阀），提示这个楼层的消防喷淋系统是无水状态，应快速维修。湿式报警阀前端的信号蝶阀的作用与楼层主干管蝶阀的作用差不多，一是维修；二是提示喷淋系统内有信号蝶阀关闭，应尽早维修。

2. 止回阀

止回阀又称单向阀或逆止阀（图 4-13），其作用是防止管路中的介质倒流。水泵吸水管的底阀也属于止回阀类。启闭件靠介质流动和力量自行开启或关闭，以防止介质倒流的阀门叫止回阀。止回阀属于自动阀类，主要用于介质单向流动的管道上，只允许介质向一个方向流动，以防止发生事故。通常，流体在压力作用下使阀门的阀瓣开启，并从进口侧流向出口侧。当进口侧压力低于出口侧压力时，阀瓣在流体压力和本身重力的作用下自动地将通道关闭，阻止流体逆流。按阀瓣运动方式不同，止回阀主要分为升降式、旋启式和蝶式三类。

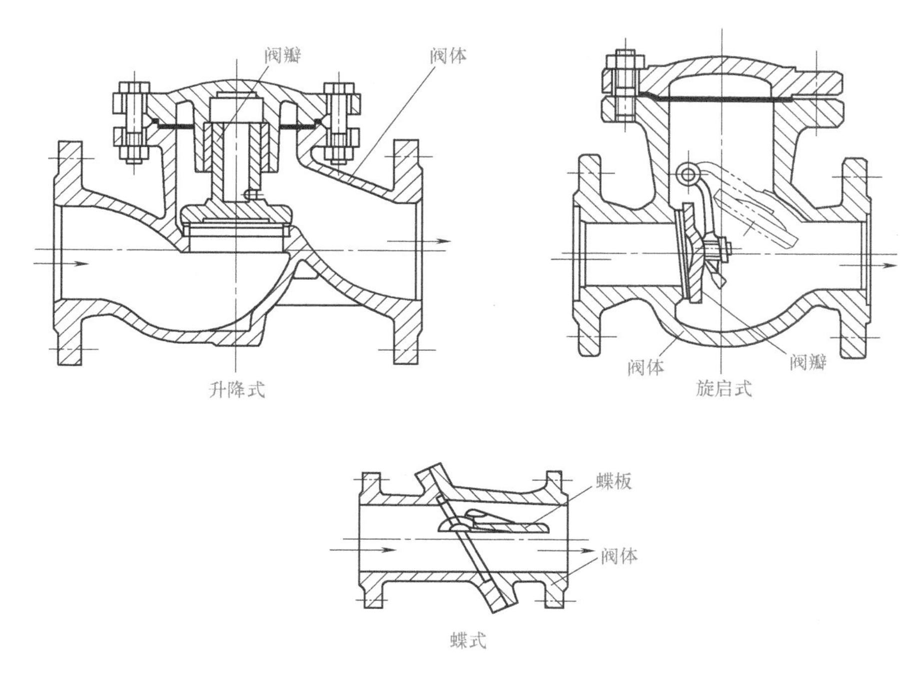

图 4-13 各类止回阀结构

升降式止回阀的阀体多与截止阀阀体相似，它的流体阻力较大。这类止回阀为高压小口径，常采用圆球形阀瓣。旋启式止回阀对流体的阻力较小，一般适用于中小口径、低压大口径管道，常在阀的通道隔板上设置多个阀瓣，成为多瓣式。蝶式止回阀的形状与蝶阀相似。它结构简单，对流体的阻力小。止回阀如关闭过快，可能会在液体管道中引起液击，产生噪声，甚至导致阀门零件的损坏。为避免这种情况，需要时可选用有缓冲功能的止回阀，延长关闭时间。

3. 湿式报警阀

湿式报警阀（图 4-14）是只允许水单方向流入喷水灭火系统，并在规定的压力和流量下驱动配套部件报警的一种单向阀。它与水流指示器、压力开关、洒水喷头等组成的湿式自动喷水灭火系统是一种应用极为广泛的固定式灭火系统。

湿式报警阀装置长期处于伺应状态，系统侧充满工作压力的水，自动喷水灭火系统控制

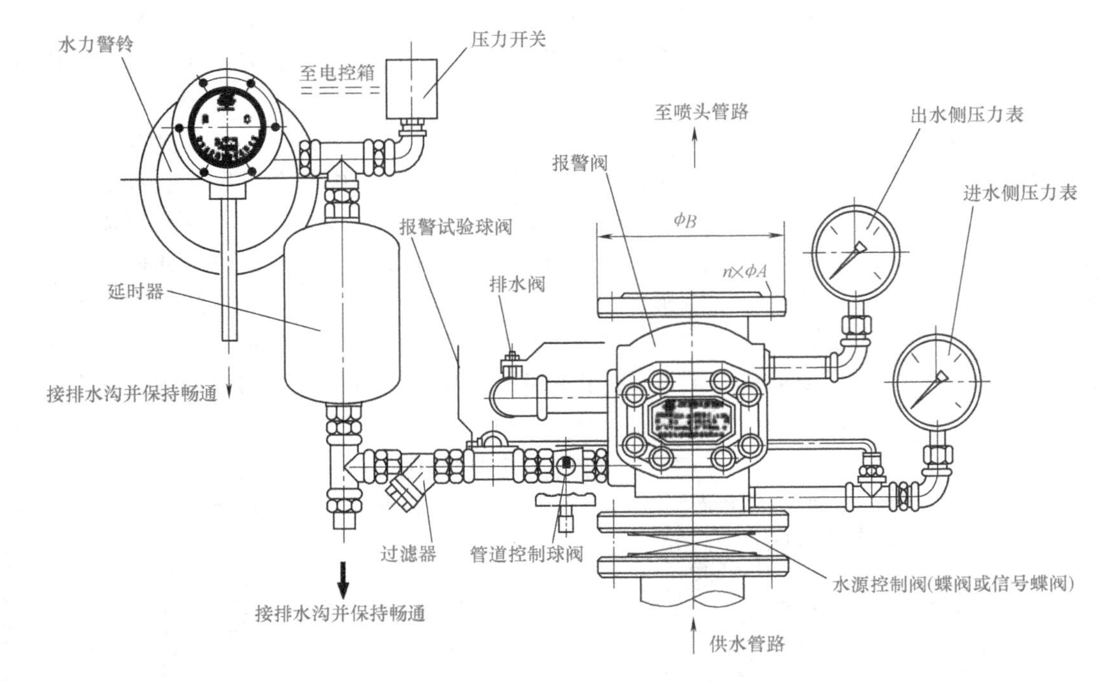

图 4-14　湿式报警阀结构图

区内发生火警时，系统管网上的闭式洒水喷头中的热敏元件受热爆破自动喷水，湿式报警阀系统侧压力下降，在压差的作用下，阀瓣自动开启，供水侧的水流入系统侧对管网进行补水，整个管网处于自动喷水灭火状态。同时，少部分水通过座圈上的小孔流向延时器和水力警铃，在一定压力和流量的情况下，水力警铃发出报警声响，压力开关将压力信号转换成电信号，启动消防水泵和辅助灭火设备进行补水灭火，装有水流指示器的管网也随之动作，输出电信号，使系统控制终端及时发现火灾发生的区域，达到自动喷水灭火和报警的目的。

三、系统管网

喷淋系统管网（图 4-15）由主立管、水平主立管、水流指示器、信号蝶阀和支管组成。

图 4-15　喷淋系统管网

主要功能是输送灭火介质，主要是水。水流指示器的主要功能是监视管网内水流动与静止的情况，如果管网内有水流动，提供反馈信号至消防控制室。

水流指示器（图 4-16），用于自动喷水灭火系统，它可以安装在主供水管或横杆水管上，给出某一分区域小区域水流动的电信号，此电信号可送到电控箱，也可用于启动消防水泵的控制开关。水流指示器由膜片组件、调节螺钉、延迟电路、微动开关及连接部件等组成。

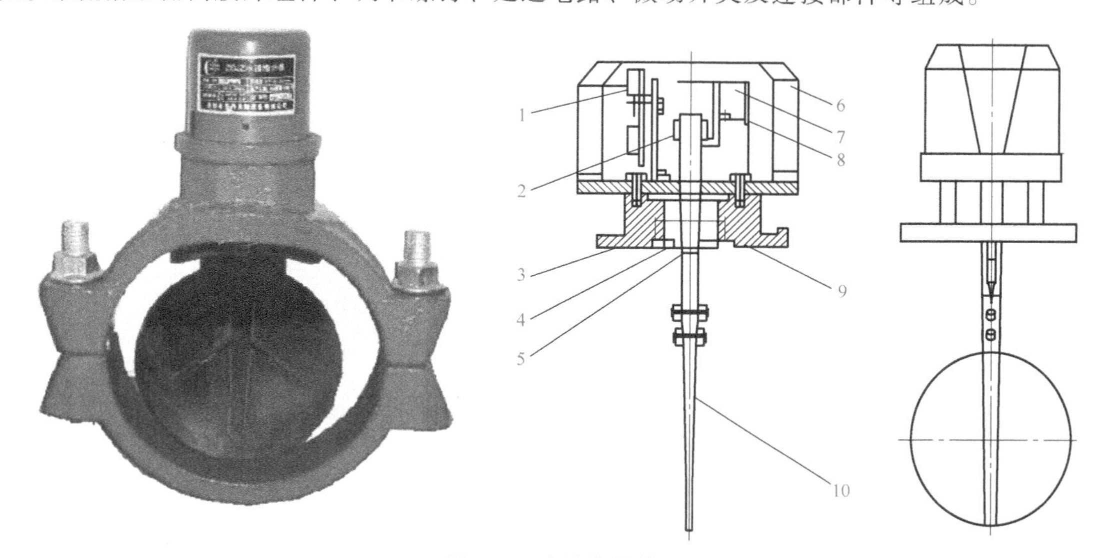

图 4-16　水流指示器

1—延时电路　2—调节螺母　3—底座　4—挡板　5—模片组件　6—罩壳　7—微动开关　8—支承板　9—“U”形密封　10—桨片

四、末端设备

末端设备主要由喷头、末端试水装置组成，喷头在温度达到设定值（68℃、93℃、141℃等）时破裂（喷淋头内部灌注的液体受热膨胀），水从中流出，起到灭火效果。末端试水装置主要反应管网压力，并可以模拟喷水信号，反馈至消防控制室。

发生火灾时，消防水通过喷淋头均匀洒出，对一定区域的火势起到控制，常见喷淋头类型（图 4-17）有下垂型、直立型、普通型与边墙型。喷淋系统中各设备的系统图例见表 4-5。

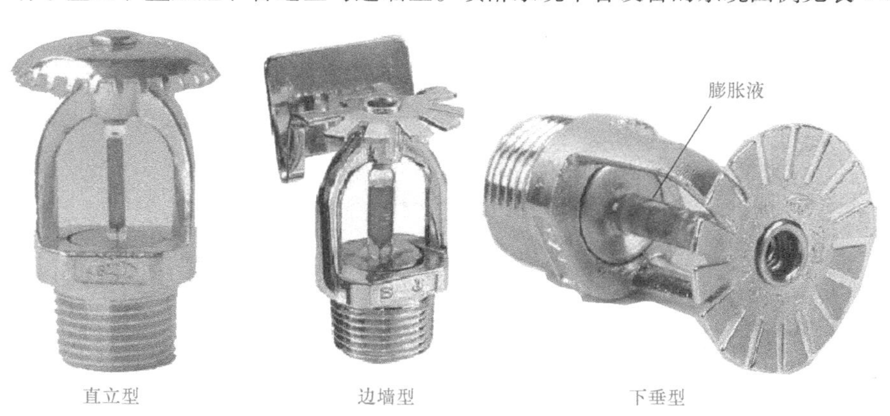

图 4-17　各种喷淋头

表 4-5 喷淋系统中各设备的系统图例

图例	名称	图例	名称
S	感烟探测器	8303	双输入双输出模块
	感温探测器	8302A	双动作切换模块
	手动报警器		防火阀(70℃)
	手动报警按钮(带插孔)		排烟防火阀(280℃)
	火灾扬声器	ZM	非消防电源控制箱
	消防栓报警按钮	PYJ	排烟风机控制箱
8301	单输入模块	XFB	厂区消防水泵控制箱
	信号阀	PLB	喷淋加压泵控制箱
P	压力开关	KTD	空调机
FW	水流指示器	WYB	稳压泵控制箱
8300	单输入模块	8304	消防电话模块
	总线隔离器		消防电话分机

※任务实施※

任务实施步骤见表 4-6。

表 4-6 任务实施步骤

步骤	内容	备注
机具材料准备	1. 房屋平面图 2. 常用安装工具：生料带、手持切割机、活扳手、两线激光水平仪、冲击钻、剥线钳、斜口钳、电烙铁和焊锡丝等	安装耗材需要根据实际情况准备：若干导线、水管
识读房屋平面图	1. 喷淋头安装位置 2. 管网走向 3. 实地环境勘察	1. 根据房屋平面图了解喷淋头的安装位置 2. 据房屋平面图了解管网走向 3. 当喷淋系统设计工作压力等于或低于1.0MPa时，水压强度试验压力应为设计工作压力的1.5倍，并不应低于1.4MPa；当系统设计工作压力高于1.0MPa时，水压强度试验压力应为该工作压力加0.4MPa

（续）

<table>
<tr><th>步骤</th><th>内容</th><th>备注</th></tr>
<tr><td>喷淋头安装</td><td>1. 安装位置确定
2. 喷淋头检查
（1）资质检查
（2）外观检查
3. 安装
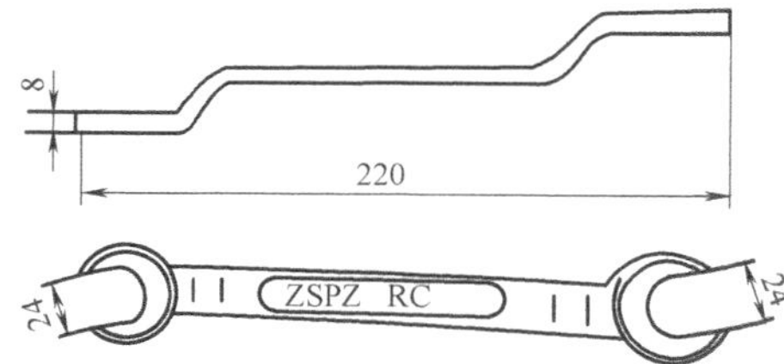

双口双头呆扳手
（1）缠生料带
蓝色顺时针箭头是角阀安装时旋拧方向
红色逆时针箭头是生料带缠绕方向
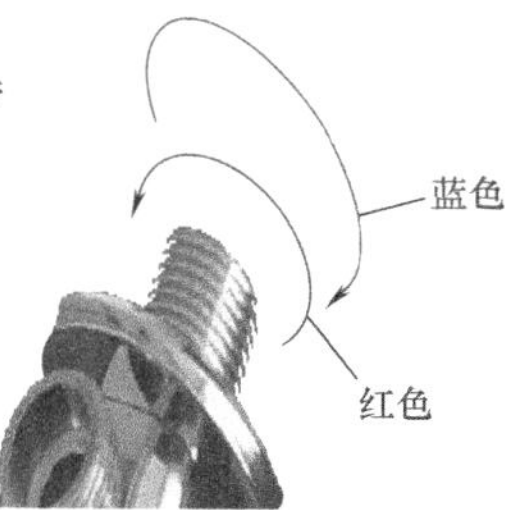

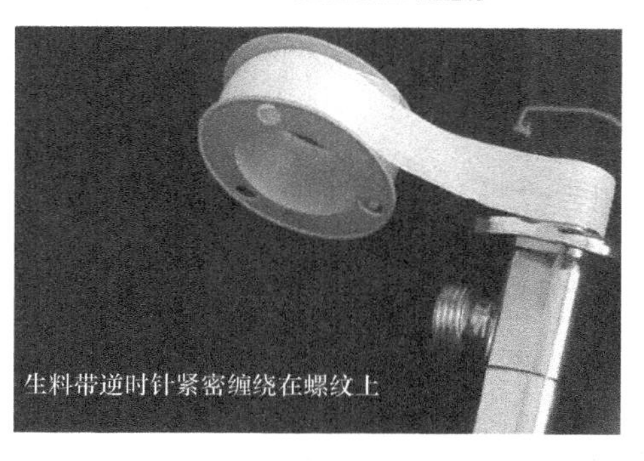

</td><td>1. 根据《自动喷淋系统设计规范》第7.1.2条，直立型、下垂型喷头的布置，包括同一根配水支管上喷头的间距及相邻配水支管的间距，应根据系统的喷水强度、喷头的流量系数和工作压力确定，且不宜小于2.4m（房屋平面图中有标注）
2. 喷淋头作为自动喷淋系统的主要元件，其生产厂家必须有相应的资格认证。喷头的框架、溅水盘产生变形或释放元件损伤时，应采用规格、型号相同的喷头更换</td></tr>
</table>

（续）

步骤	内容	备注
喷淋头安装	（2）旋入喷淋头 ZSTX型下垂安装溅水盘向下　ZSTB型水平边墙安装　ZSTZ型直立安装溅水盘向上 ZSTP型直立式安装　不正确安装　正确安装	3. 喷淋头安装应使用专用扳手（双头双口呆扳手），严禁利用喷头的框架旋拧；喷头的框架、溅水盘产生变形或释放元件损伤时，应采用规格、型号相同的喷头更换。用双口扳手顺时针水平将喷淋头旋入即可 4. 消火栓系统出水干管上设置的低压压力开关、高位消防水箱出水管上设置的流量开关，或报警阀压力开关等信号作为触发信号，直接控制起动消火栓泵，不受消防联动控制器处于自动或手动状态影响。当设置消火栓按钮时，消火栓按钮的动作信号作为报警信号及起动消火栓泵的联动触发信号，由消防联动控制器联动控制消火栓泵的起动
安装湿式报警阀	1. 水力警铃安装 铃壳　$\phi204$　335　$R_C3/4$　进水口　R_C1　177　出水口　漏水接头　水轮 2. 延时器安装 水力警铃　延时器　节流板 3. 压力开关安装 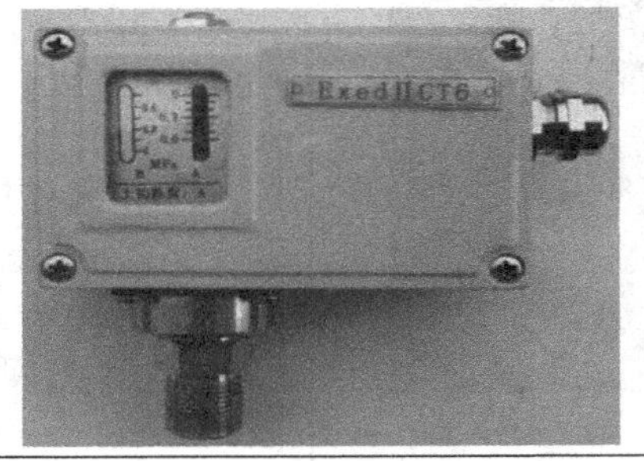 	1. 水力警铃的结构示意图如左图所示，实物图如2中标注。安装方法与喷淋头类似。先给连接处缠生料带（防腐防漏），然后用万用扳手安装拧到进水口即可 2. 延时器用于水泵运行延时防止系统误报。安装方法同水力警铃。水力警铃下方是节流板，节流板是控制管道中的水压的，当水压过大时，节流板通过节流减掉部分压力，使系统的压力达到设计要求 3. 左图所示是水泵压力开关，安装方法：接口缠生料带以进行防漏防腐处理，再用双口双头呆扳手旋紧 4. 湿式报警阀是只允许水单方向流入喷水系统并在规定流量下报警的一种单向阀。它在系统中的作用为接通或关断报警水流，喷头动作后报警水流将驱动水力警铃和压力开关报警；防止水倒流 5. 湿式报警阀、延时器和水力警铃的安装位置周围，应留有充分的维修空间，以保证在最短的停机时间内修复，报警阀距地面的高度为1.2m 6. 水力警铃是湿式报警阀的一个主要部件。水力警铃应设在有人值班的地点附近。它与报警阀的连接管道，管径为20mm，总长不宜大于20m，安装高度不宜超过2m，并应设排水设施 7. 湿式报警阀、延时器和水力警铃应能使用通用工具进行安装和现场维修

师傅点拨：安装过程中尽量使用双口双头呆扳手，活扳手操作不当的话容易打滑损坏器件

（续）

步骤	内容	备注
安装信号蝶阀	信号蝶阀由蜗杆传动装置驱动转轴及蝶板旋转实现启闭和控制流量。旋转蜗杆传动装置手轮，使蝶板达到启闭及调节流量的目的，手轮顺时针方向旋转为阀门关闭 1. 安装固定 2. 接线（与报警控制器连接）	1. 由于各厂家生产的外观不同，信号蝶阀本身的重量大小和安装方法会有所不同，具体安装方法详见信号蝶阀说明书。本任务中所用的信号蝶阀用法兰环进行固定。安装固定过程中注意信号蝶阀的防漏及防锈处理 2. 信号蝶阀一般使用二总线与火灾报警控制器通信。接线方法： ①打开电器开关箱罩，根据电气控制要求把电缆的芯线接到相应的端子，并将电缆进口密封好，同时把电缆固定，以防止外力牵动时损坏电缆接线 ②当阀门在“全关”位置时，顺时针转动下面的关向凸轮，使凸轮刚好触动微动开关（可以听到咔嗒声），然后旋紧凸轮上的螺钉固定凸轮。红、蓝、黄线分别是电源线正极、负极、信号线
安装水流指示器	当灭火系统中的某区发生火警使洒水喷头感温玻璃球胀破后开启灭火，配水管中水流推动叶片通过膜片组件使微动开关闭合，导通有关电路，一般都装有延时器，确定水流有效后给出水流信号，传至报警控制器显示出该分区火警信号 1. 安装 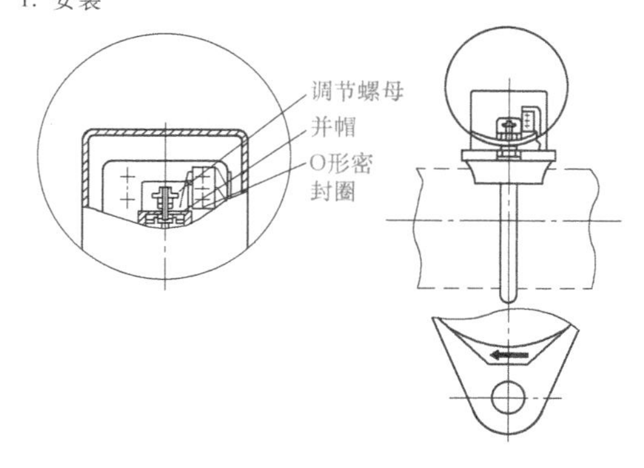 	1. 水流指示器包括螺纹式水流指示器、焊接式水流指示器、法兰式水流指示器、鞍座式水流指示器。水流指示器的安装应在管道试压和冲洗合格后进行，应竖直安装在水平管上侧，其动作方向应和水流方向一致，安装后的水流指示器桨片、膜片应动作灵活，不应与管壁发生碰撞 螺纹式水流指示器直接插入水管扳手拧紧；焊接式需要用电焊焊接；鞍座式需要有安装底座，用螺钉把水流指示器固定在底座上；如左图任务中用马鞍式水流指示器，将叶片卷小放入孔中，注意 叶片平面与管道流动方向垂直，然后用鞍形条围住水管，最后用扳手拧紧固定螺母

（续）

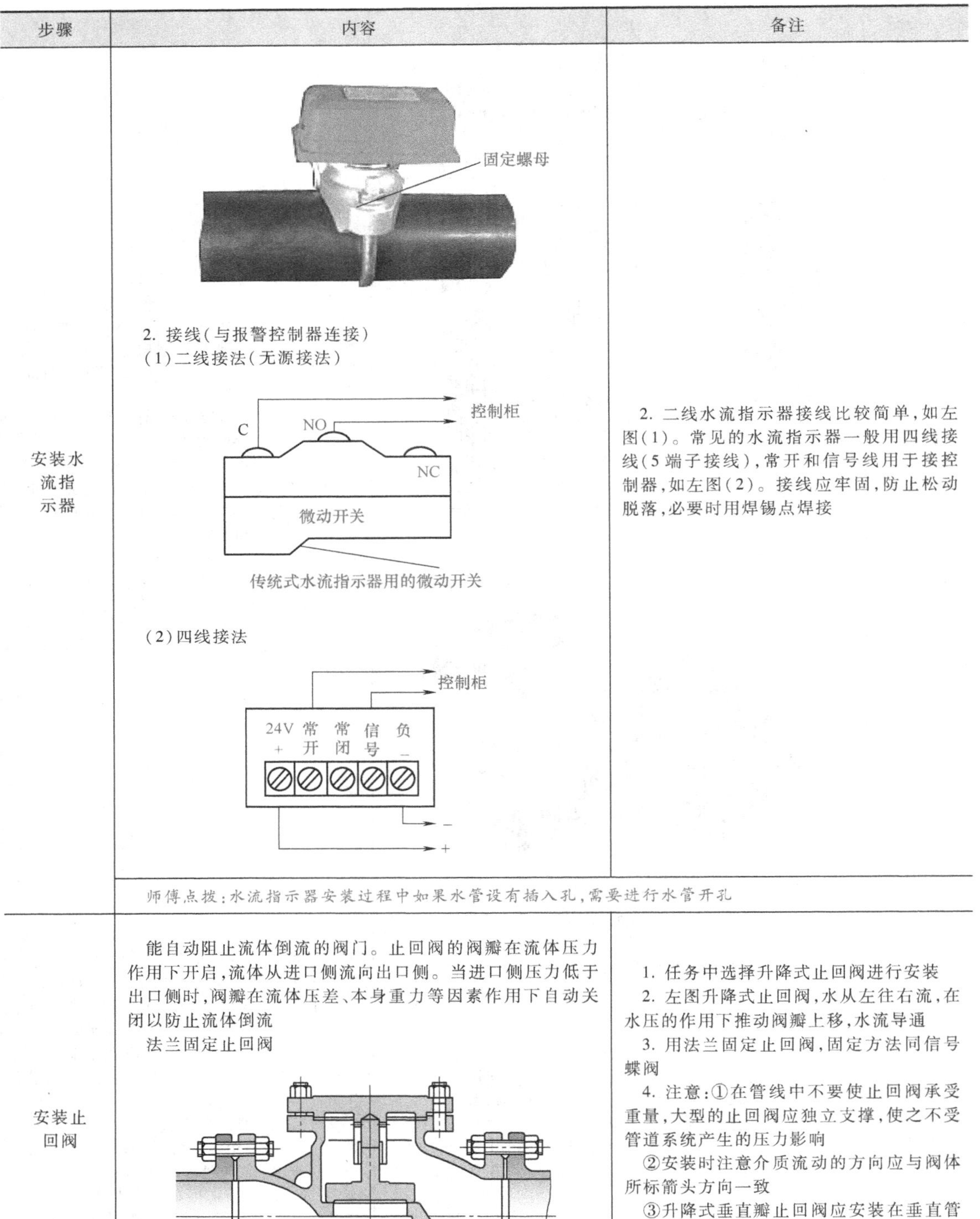

步骤	内容	备注
安装水流指示器	固定螺母 2. 接线（与报警控制器连接） （1）二线接法（无源接法） C　NO　NC　控制柜　微动开关 传统式水流指示器用的微动开关 （2）四线接法 24V + 　常开　常闭　信号　负 _　控制柜　-　+	2. 二线水流指示器接线比较简单，如左图（1）。常见的水流指示器一般用四线接线（5端子接线），常开和信号线用于接控制器，如左图（2）。接线应牢固，防止松动脱落，必要时用焊锡点焊接
	师傅点拨：水流指示器安装过程中如果水管设有插入孔，需要进行水管开孔	
安装止回阀	能自动阻止流体倒流的阀门。止回阀的阀瓣在流体压力作用下开启，流体从进口侧流向出口侧。当进口侧压力低于出口侧时，阀瓣在流体压差、本身重力等因素作用下自动关闭以防止流体倒流 法兰固定止回阀	1. 任务中选择升降式止回阀进行安装 2. 左图升降式止回阀，水从左往右流，在水压的作用下推动阀瓣上移，水流导通 3. 用法兰固定止回阀，固定方法同信号蝶阀 4. 注意：①在管线中不要使止回阀承受重量，大型的止回阀应独立支撑，使之不受管道系统产生的压力影响 ②安装时注意介质流动的方向应与阀体所标箭头方向一致 ③升降式垂直瓣止回阀应安装在垂直管道上 ④升降式水平瓣止回阀应安装在水平管道上

※任务检测※

任务检测内容见表 4-7。

表 4-7　任务检测内容

检测任务	检测内容	检测标准
识读房屋平面图	1. 从房屋平面图中找到喷淋头正确的安装位置和管网走向 2. 了解施工环境,并与施工图相比较	1. 根据房屋平面图确认管网分布及走向 2. 了解施工环境后如需要对设计图进行修正,则必须跟设计单位沟通
喷淋头安装	1. 根据平面图在施工现场确定喷淋头的准确安装位置 2. 对喷淋头的资质、外观进行检查,确认其是否符合要求 3. 按标准的安装步骤对喷淋头进行现场安装	1. 喷淋头在房间内走道上应居中布置 2. 喷淋头安装前须对喷淋头外观、合格证进行检查,喷淋头外观应无损坏,膨胀液不泄漏 3. 缠生料带必须逆时针,均匀紧密
湿式报警阀安装	1. 安装位置选择 2. 安装水力警铃 3. 安装延时器 4. 安装压力开关	1. 报警阀应安装在便于操作的明显位置,距室内地面高度宜为 1.2m,两侧与墙面的距离不应小于 0.5m;正面与墙的距离不应小于 1.2m。安装报警阀组的室内地面应有排水设施 2. 水力警铃没有电气接线,安装接口要做好防漏措施 3. 延时器要垂直地面安装,禁止水平安装。接口应做好防漏防腐处理
信号蝶阀安装	1. 信号蝶阀安装正确、美观 2. 按要求将信号蝶阀与报警控制器连接	1. 信号蝶阀用法兰固定,防漏圈需要安放周正 2. 信号蝶阀红、黄、蓝三根线分别为电源线、信号线、公共地端
水流指示器安装	1. 水流指示器的安装正确、美观 2. 按相应的接法将水流指示器与报警控制器连接起来	1. 水管开孔由于工程量大、技术难度高、危险性高,这里不做要求。安装水流指示器将叶片卷小放入孔中,注意 叶片平面与管道流动方向垂直 2. 水流指示器四线接法比较常见,相对于二线接法具有信号稳定精确的特点,所以本任务中采用四线接法
止回阀安装	1. 止回阀安装位置确定 2. 止回阀安装	1. 升降式垂直瓣止回阀应安装在垂直管道上;升降式水平瓣止回阀应安装在水平管道上(本任务中采用水平瓣止回阀) 2. 安装完成后,止回阀阀体所标箭头应与水流方向一致

项目五
消防联动控制系统的运行

※项目描述※

消防联动系统作为火灾初始阶段扑灭、防止火势扩散的最主要途径，必须保证其正常运行。每个火灾联动控制系统值机人员入职前必须经过专业的培训，要求值机人员掌握以下两个方面的内容：

1）联动控制系统运行值机。

2）根据联动系统故障找到故障原因并排除。

内容具体分析如图 5-1 所示。

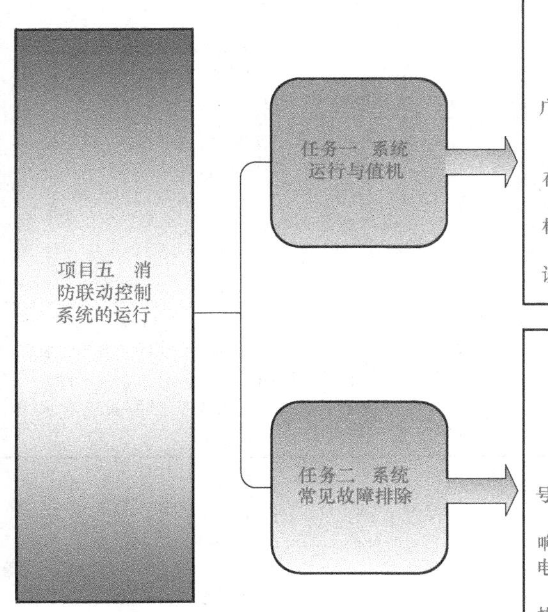

1. 知识
(1) 了解报警控制器与联动系统的关系。
(2) 了解消防法规及值机室规章制度。
(3) 熟悉发生火灾时联动控制系统的应急操作，包括：消防广播操作、消防电话操作、防火阀操作、报警控制器操作等。
2. 技能
(1) 掌握消防广播的操作，包括：开启紧急广播、控制器储存MP3文件广播。
(2) 掌握消防电话的操作，包括：分机与分机双方通话、分机与主机双方通话、分机与主机多方通话。
(3) 掌握报警控制器操作，包括：联动信息查询、喷淋延时设定。

1.知识
(1) 回顾防排烟系统的工作原理、系统组成及接线。
(2) 回顾消防广播系统、消防电话系统的组成及接线。
(3) 回顾喷淋系统的工作原理、系统组成及接线。
2.技能
(1)掌握喷淋系统常见故障的排除，包括：水流指示器、信号蝶阀不能正常报警；稳压装置频繁起动等。
(2)掌握消防通信系统常见故障的排除，包括：个别吸顶扬声器不响、全部吸顶扬声器不响、个别分机电话无法使用、全部分机电话无法使用等。
(3)掌握防排烟系统故障的排除，最主要掌握：防火阀、防火排烟阀不能正常关闭等故障的排除方法。

图 5-1　项目五分析

任务一　系统运行与值机

※任务描述※

完成消防联动控制系统的安装后，系统投入运行，系统运行值机便成为最主要和最艰巨的任务。正确地进行系统维护和管理运行才能保证联动控制系统在火灾初始阶段发挥出最优越的性能。在本任务中按照图 5-2 流程完成对系统值机人员的培训。

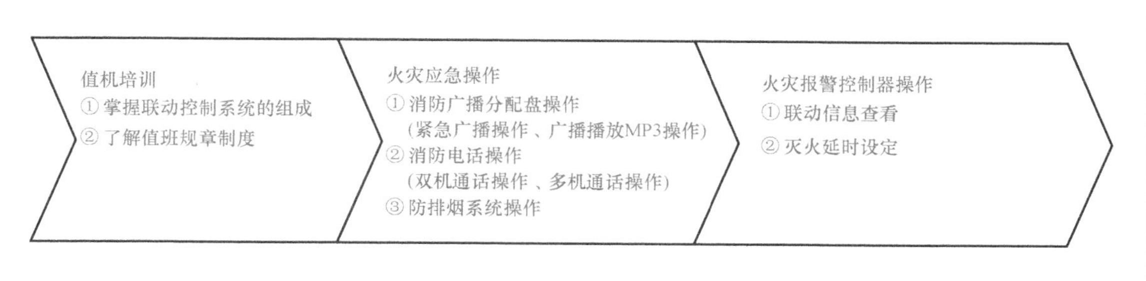

图 5-2　培训流程

※相关知识※

众所周知，建筑火灾给人类造成的损失是巨大的。火灾往往发生在人群稠密和物资集中的地方，扩展的速度较快，而这些地区的消防通道又常被堵塞，消防车难以进入，消防灭火工作难以展开，往往小火灾却酿成大灾祸。消防联动系统就在这个时候发挥了巨大的作用，而如何正确操控联动系统将直接影响到火灾遏制及扑灭效果。

一、报警主机与联动系统

火灾自动报警控制主机作为整个火灾报警联动系统的核心，报警系统、电话广播系统、防排烟系统都是通过报警主机通信，报警主机控制这三个系统进行协调工作。报警主机和防排烟系统、报警系统、电话广播系统一般用总线连接（RS485、二总线、四总线）。

二、遇到火灾的应急处理

当遇到感烟探测器、感温探测器、手动报警装置、水流模块等报警时，监控室应立即通知安全部警员到现场进行确认。①若属误报，反馈监控室。监控室在《消防监控运行及信息处理记录》上填写记录；若属实警，现场的警员应立即按下一个就近的手动报警器（此时，消防主机会自动确认为发生火灾，以便监控室进行联动操作）；②同时通知监控室；③用就近的灭火器实施扑救；火势较大时，在保护自身安全的前提下实施扑救，等待协助。

监控室收到火警的反馈后，应立即将通用火灾报警控制器联动面板中的“手动联动”转为“自动联动”；将直接联动控制钥匙打为水平（开）状态。同时，拨打 119 火警报警电话。通知安全部任意人员火势状况，以便快速组成消防安全应急分队。通知到的人员负责召集消防安全应急分队，并负责将四部电梯归底至一层。用对讲机或电话通知工程部（夜间通知值班人员），以便：①配电室人员保证与火灾有关电源的关闭，保证消防供电，正确排除故障；②暖通室人员保证消防供水，5min 内关闭天然气总阀，正确排故；③设备运行人员保证正压风机、排烟风机和消防加压泵正常运行。

三、各联动系统的自动联动情况及应急的手动操作

1. 防排烟系统

发生火灾联动时新风机自动切断，排烟机自动启动。

2. 喷淋系统

1）喷淋头自动洒水。(环境温度达到68℃以上时膨胀液迅速膨胀，玻璃管破裂，喷淋头喷水)。

2）喷淋分区继电器工作。

3）水流指示报警。

4）喷淋泵自动启动。手动喷淋泵可通过监控中心的联动控制按钮启动（平时不进行此操作，以保证消防喷淋管网压力不至于过大）。

3. 消防广播（必须是电源开关在ON状态）

消防主机可自动将火灾楼层及上一层、下一层的消防广播开启。

※任务实施※

任务实施步骤见表5-1

表5-1　任务实施步骤

步骤	内　　容	说明
机具材料准备	值机记录：值日表格、值机记录表格（详见学习单元一火灾自动报警系统运行与值机）	值机人员在正式值机前必须进行值机培训，培训包括报警主机使用、消防广播模块培训、火灾应急处理培训等
值机培训	1. 消防联动系统组成：包括防排烟系统、消防通信系统、喷淋系统 2. 联动系统各模块功能 3. 消防法律法规学习	喷淋系统：火灾发生时自动喷洒灭火液；消防通信系统：消防电话通话及消防广播指导疏散逃生；防排烟系统：排烟隔火，给逃生争取时间
模块操作	1. 消防广播操作 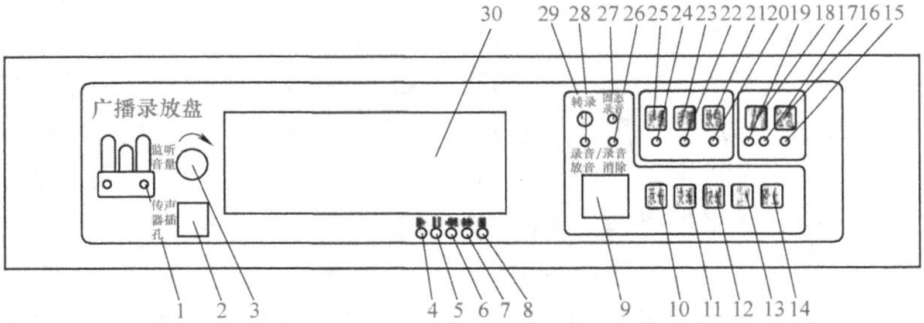 1—传声器挂件　2—传声器插孔　3—监听音量　4—CD播放键　5—暂停键　6—前一曲　7—后一曲　8—停止键　9—数码管　10—电子录音　11—快退　12—快进　13—电子放音　14—停止　15—应急灯　16—应急键　17—检查灯　18—正常/检查键　19—正常灯　20—放音灯　21—放音键　22—传声器灯　23—传声器键　24—外线灯　25—外线键　26—录音清除键　27—固态录音键　28—录音/放音灯　29—转录口　30—光驱	1. 图为消防广播分配盘的操作界面及各个模块功能。操作方法：①按下启动方式；出现“设置启动方式”，将手动方式通过“上下”键改为“允许”状态；然后按“确认”键；②在手动启动盘上启动“一层”广播；③开启右侧的消防广播开关，并调整音量；按下“紧急启动”，在音

（续）

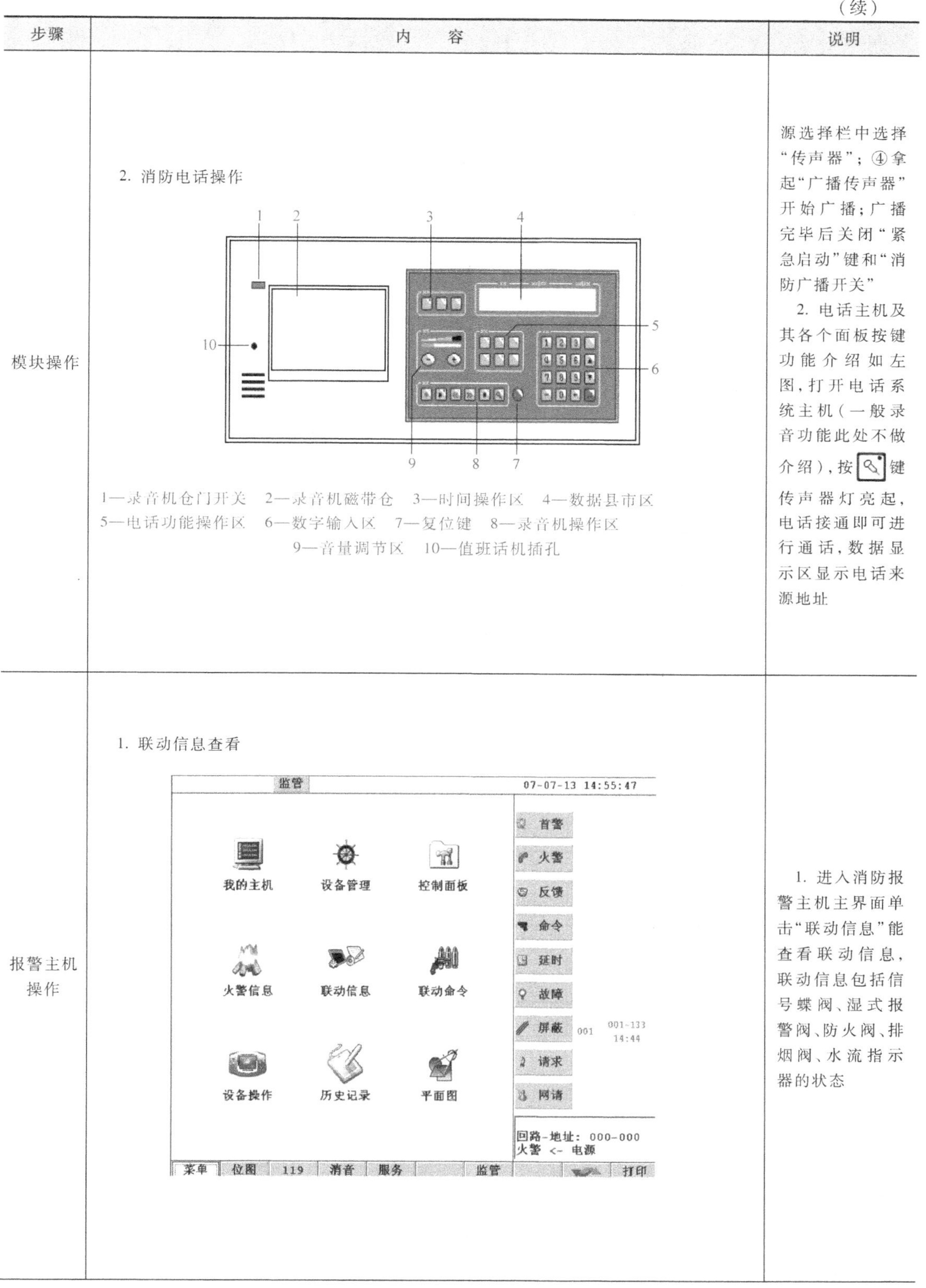

步骤	内　　容	说明
模块操作	2. 消防电话操作 1—录音机仓门开关　2—录音机磁带仓　3—时间操作区　4—数据显示区 5—电话功能操作区　6—数字输入区　7—复位键　8—录音机操作区 9—音量调节区　10—值班话机插孔	源选择栏中选择“传声器”；④拿起“广播传声器”开始广播；广播完毕后关闭“紧急启动”键和“消防广播开关” 2. 电话主机及其各个面板按键功能介绍如左图，打开电话系统主机（一般录音功能此处不做介绍），按 [传声器图标] 键传声器灯亮起，电话接通即可进行通话，数据显示区显示电话来源地址
报警主机操作	1. 联动信息查看	1. 进入消防报警主机主界面单击“联动信息”能查看联动信息，联动信息包括信号蝶阀、湿式报警阀、防火阀、排烟阀、水流指示器的状态

（续）

<table>
<tr><th>步骤</th><th>内　　容</th><th>说明</th></tr>
<tr><td rowspan="2">报警主机操作</td><td>2. 火灾系统延时设定
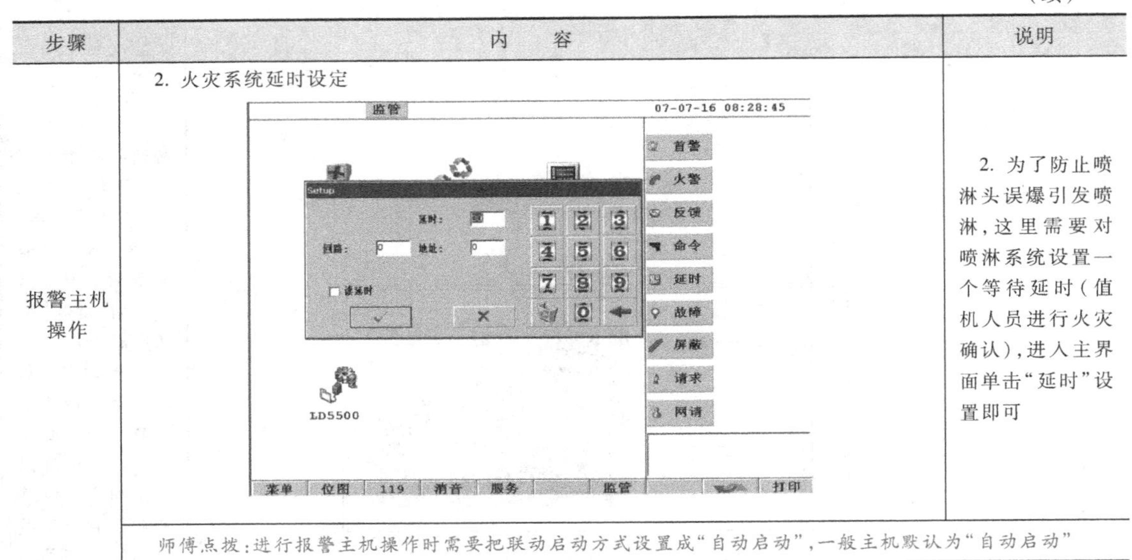
</td><td>2. 为了防止喷淋头误爆引发喷淋，这里需要对喷淋系统设置一个等待延时（值机人员进行火灾确认），进入主界面单击“延时”设置即可</td></tr>
<tr><td colspan="2">师傅点拨：进行报警主机操作时需要把联动启动方式设置成“自动启动”，一般主机默认为“自动启动”</td></tr>
</table>

×××旅馆消防监控值班室管理规定（部分）

第一条　为了加强消防自动控制系统的管理，确保消防控制系统的正常运行和临警使用，确保火灾时灭火指挥及消防控制信息的畅通，根据有关行政法规和技术规范，结合本酒店情况制定本规定

第二条　消防控制室不得外人进入，严禁堆放杂物，保持室内清洁。温度不得超过28℃

第三条　消防控制室主机监控保持24h运行。有异常情况及时跟进并做登记

第四条　每月安排消防保养单位对酒店的消防设施进行保养并做相关登记

第五条　消防控制室操作人员必须经有关专业部门培训，经考试合格，持证上岗

第六条　消防控制室实行24h值班制度，每班不少于2人，不准空岗

第七条　消防控制室应建立值班制度、交班制度、设备维护保养等制度，明确职责分工、火警处理程序、操作程序

第八条　消防自动控制系统投入运行后，任何人不得擅自关闭和停用，也不得随意中断。消防控制室保管好下列文件资料，并应建立消防自动控制系统的技术档案

1. 系统竣工图及设备的技术资料
2. 操作规程
3. 值班人员职责
4. 值班记录和使用图表

※任务检测※

任务检测内容见表5-2。

表5-2　任务检测内容

检测任务	检测内容	检测标准
值机培训	1. 掌握消防联动系统组成 2. 掌握联动系统各模块功能 3. 熟悉了解《中华人民共和国消防法》	1. 消防联动系统主要由防排烟系统、消防通信系统、喷淋系统组成 2. 各模块功能如下： ①防排烟系统：排烟防火 ②喷淋系统：火灾初始阶段扑灭 ③消防通信系统：广播指导逃生、消防电话方便火灾现场人员通报信息
消防广播系统操作	1. 掌握消防广播紧急播放 2. 掌握消防广播MP3播放	消防广播系统可以播放值机人员事先准备的MP3格式的语音文件，也可以切换成紧急广播，由人直接广播通知

（续）

检测任务	检测内容	检测标准
消防电话系统操作	1. 掌握消防电话主机与分机双方通话 2. 掌握分机与分机双方通话 3. 掌握分机与主机以及分机与分机的多方通话	消防电话的通信功能包括：双方通话（分机与分机、分机与主机），多方通话（多个电话进行通话，不分主机与分机）
火灾自动报警主机操作	1. 掌握消防联动信息查看 2. 掌握如何设定灭火系统延时	1. 消防联动信息查询包括：防排烟系统信息（防火阀、排烟阀、风机状态），喷淋系统信息状态（信号蝶阀、水流指示器、喷淋头、湿式报警阀的状态） 2. 为了防止喷淋头误爆导致发生喷淋带来财产损失，灭火系统必须设置一定的延时方便值机人员进行火灾确认

任务二　系统常见故障的排除

※任务描述※

消防联动系统作为火灾初期最主要的扑灭手段，联动系统必须始终保持正常运行状态，遇到系统故障必须要第一时间排除。在本任务中按照图5-3流程逐步掌握联动控制系统常见故障的诊断与排除。

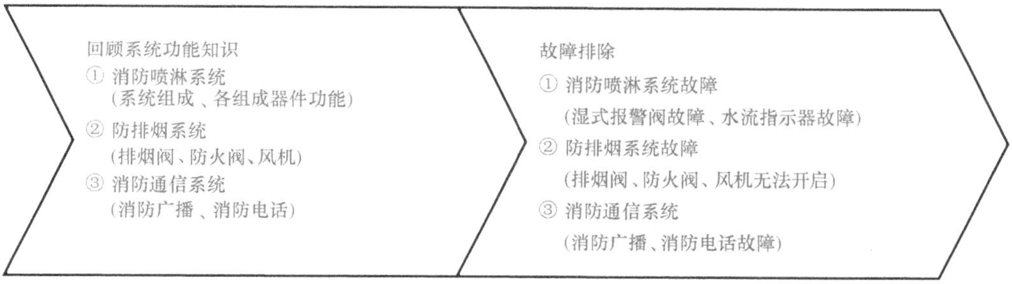

回顾系统功能知识
① 消防喷淋系统
（系统组成、各组成器件功能）
② 防排烟系统
（排烟阀、防火阀、风机）
③ 消防通信系统
（消防广播、消防电话）

故障排除
① 消防喷淋系统故障
（湿式报警阀故障、水流指示器故障）
② 防排烟系统故障
（排烟阀、防火阀、风机无法开启）
③ 消防通信系统
（消防广播、消防电话故障）

图5-3　任务流程

※相关知识※

随着建筑行业的不断发展以及人们生活水平的不断提高，人们对于建筑消防系统安全越来越重视，其中建筑自动消防联动系统的主要组成部分就是消防火灾报警系统中的联动控制系统，如果其存在问题，就会直接对建筑自动消防设施的防火以及灭火功能产生一定的影响，甚至还会给人们的人身和财产安全带来损害。因此一定要对系统中存在的问题进行有效的处理，积极消除系统中的安全隐患，为建筑设施安全以及人们的人身、财产安全提供有效的保障。

一、消防喷淋系统

（1）系统组成　该系统主要由闭式喷头、水流指示器、湿式报警阀、压力开关、稳压泵、喷淋泵和喷淋控制柜组成。

（2）系统完成的主要功能　系统处于正常工作状态时，管道内有一定压力的水，当有火灾发生，火场温度达到闭式喷头的温度时，玻璃泡破碎，喷头喷水，管道中的水由静态变为动态，水流指示器动作，信号传输到消防中心的消防控制柜上报警，当湿式报警装置报警，压力开关动作后，通过控制柜启动喷淋泵为管道供水，完成系统的灭火功能。

（3）系统容易出现的问题、产生的原因、简单的处理方法

1）稳压装置频繁启动。原因主要为湿式装置前端有泄漏，还可能是水暖件或连接处泄漏、闭式喷头泄漏、末端泄放装置没有关好。处理办法：检查各水暖件、喷头和末端泄放试水装置（图 5-4），找出泄漏点并进行处理。

2）水流指示器在水流动作后不报信号。原因除电气线路及端子压线问题外，主要是水流指示器本身问题，包括桨片不动、桨片损坏、微动开关损坏或干簧管触点烧毁，或永久磁铁不起作用。处理办法：检查桨片是否损坏或塞死不动，检查永久磁铁、干簧管等器件。

3）喷头动作后或末端泄放装置打开联动泵后管道前端无水。原因主要为湿式报警装置的蝶阀不动作，湿式报警装置不能将水送到前端管道。处理办法：检查湿式报警装置，主要是蝶阀，直到灵活翻转，再检查湿式装置的其他部件。

4）联动信号发出，但喷淋泵不动作。原因可能为控制装置及消防泵启动柜连线松动或器件失灵，也可能是喷淋泵本身机械故障。处理办法：检查各连线及水泵本身。

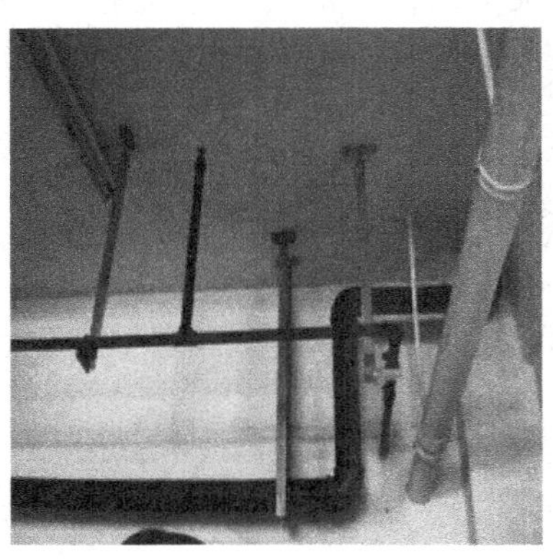

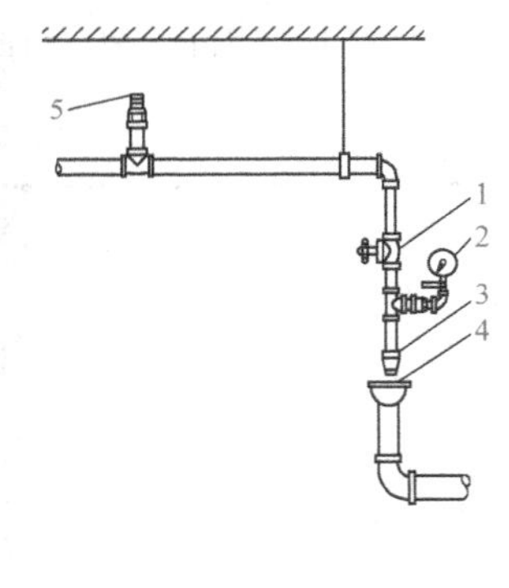

图 5-4　末端泄放装置

1—截止阀　2—压力表　3—试水接头　4—排水漏斗　5—最不利点处喷头

二、防排烟系统

（1）系统组成　排烟阀、手动控制装置、排烟机、防排烟控制柜。

（2）系统完成的主要功能　火灾发生时，防排烟控制柜接到火灾信号，发出打开排烟机的指令，火灾区开始排烟，也可人为地通过手动控制装置进行人工操作，完成排烟功能。

（3）系统容易出现的问题、产生的原因、简单的处理办法。

1）排烟阀打不开。原因：排烟阀控制机械失灵，电磁铁不动作或机械锈蚀引起排烟阀打不开。处理办法：经常检查操作机构是否锈蚀，是否有卡住的现象，检查电磁铁是否工作正常。

2）排烟阀手动打不开。原因：手动控制装置卡死或拉筋线松动。处理办法：检查手动操作机构。

3）排烟机不启动。原因：排烟机控制系统器件失灵或连线松动、机械故障。处理办法：检查机械系统及控制部分各器件系统连线等。

三、消防通信系统

（1）系统组成　扩音机、扬声器、切换模块、消防广播控制柜、分机电话、手提电话和电话主机。

（2）系统完成的主要功能　当消防值班人员得到火情后，可以通过电话与各防火分区通话了解火灾情况，用以处理火灾事故，也可通过广播及时通知有关人员采取相应措施，进行疏散。

（3）容易出现的问题及原因和简单的处理办法

1）广播无声。原因：一般为扩音机无输出。处理办法：检查扩音机本身。

2）个别部位广播无声。原因：扬声器有损坏或连线有松动。处理办法：检查扬声器及接线。

3）不能强制切换到事故广播。原因：一般由切换模块的继电器不动作引起。处理办法：检查继电器线圈及触点。

4）无法实现分层广播。原因：分层广播切换装置故障。处理办法：检查切换装置及接线。

5）对讲电话不能正常通话。原因：对讲电话本身故障，对讲电话插孔接线松动或线路损坏。处理办法：检查对讲电话及插孔本身，检查线路。

※任务实施※

任务实施中遇到的常见故障及其排除方法见表5-3。

在任务实施前，首先要做好资源准备工作，包括：

1）五金工具：双头双口呆扳手、生料带、活扳手、螺钉旋具套件、尖嘴钳。

2）电工工具：电烙铁、焊锡丝、剥线钳、松香、绝缘胶带。

表5-3　任务实施中遇到的常见故障及其排除方法

故障现象	可能原因	排除方法
水流指示器在水流动作后不报信号	1. 线松开或断开 2. 水流指示器本身问题包括桨片不动、桨片损坏，微动开关损坏或干簧管触点烧毁，或永久磁铁不起作用	1. 接线断开重接 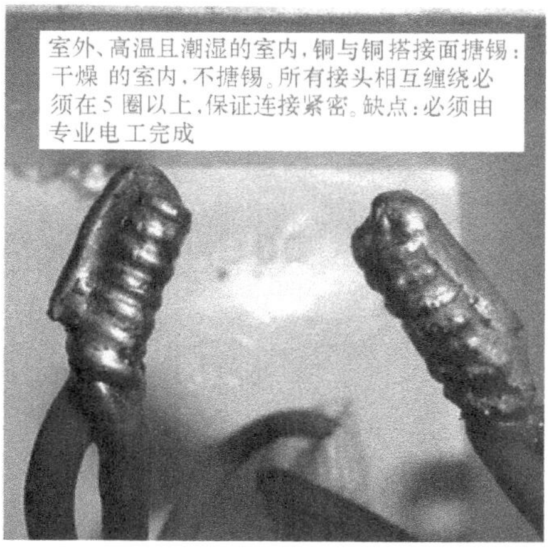 室外、高温且潮湿的室内，铜与铜搭接面搪锡；干燥的室内，不搪锡。所有接头相互缠绕必须在5圈以上，保证连接紧密。缺点：必须由专业电工完成 2. 更换水流指示器

（续）

故障现象	可能原因	排除方法
稳压装置频繁启动	主要为湿式装置前端有泄漏，还可能是水暖件或连接处泄漏、闭式喷头泄漏、末端泄放装置没有关好。处理办法：检查各水暖件、喷头和末端泄放试水装置，找出泄漏点并进行处理	1. 湿式报警阀结构  2. 漏点处理 （1）管道破裂：采用双卡式管道修补器 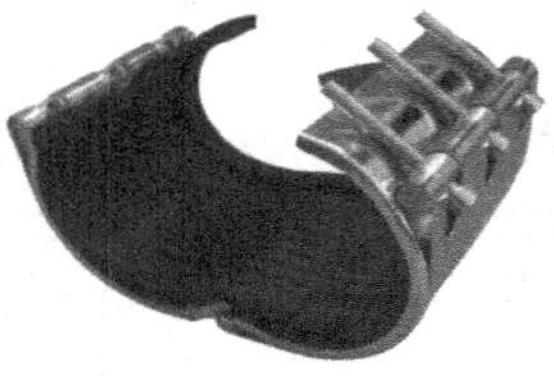 （2）接口处漏水：拆开接口用生料带缠绕接口后重新安装
排烟阀打不开	1. 手动打不开（手动控制装置卡死或拉筋线松动） 2. 上电打不开（接线松动断开、电磁铁故障）	更换电磁铁  图中为各类电磁铁，红线接电源正极，黑线接电源负极
消防通信系统故障	1. 广播无声 2. 电话无法使用	1. 广播无声 1）个别无声（进行单体检查，给扬声器加 24V 电压，如有嗞嗞声则扬声器正常，检查接线及线路通断） 2）全部无声（通信系统主机接线问题，或者主机故障，检查接线，如接线没问题，则是主机故障） 2. 电话无法使用 1）个别分机不能用，用新的消防分机更换原先的分机（如果故障没排除，用万用表测试通信线路） 2）多个电话无法使用（报警主机消防电话模块主板故障，主板接线端断开）

※学习单元小结※

（图 5-5）

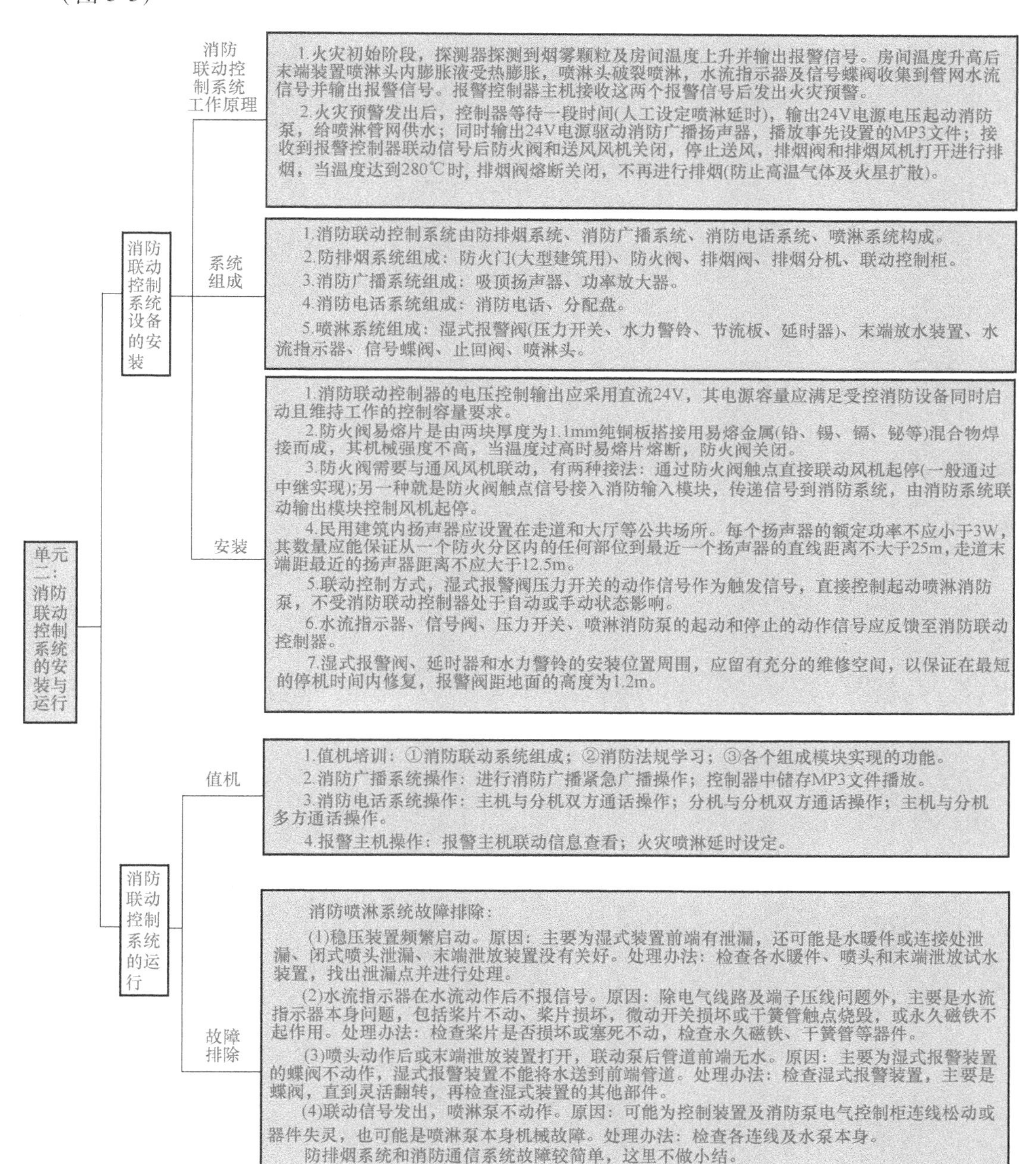

图 5-5　单元二小结

UNIT 3

学习单元三

消防设备的检查与火灾应急事件的处理

单元描述

火灾突发事件处理应制定火灾事件处理预案，当火灾发生时以及时消除服务区的火灾隐患、扑救火灾、最大限度地减少发生火灾而造成的人员伤亡、财产损失和社会影响。

通过本学习单元的学习，了解消防设备的日常检查维护、消防设备年检、消防设备检查规章制度和突发火灾情况下人员的应急疏散、消防设备应急操作，为日后从事相关行业工作夯实基础。

项目六 消防设备的检查

※项目描述※

建设工程的消防设施如没有进行很好的维护保养，很难保证其在发生火灾时能正常工作。为了保证在火灾发生时，火灾报警联动系统第一时间正常报警并联动扑灭火灾，保证旅馆住宿人员的生命财产安全不受损害，旅馆负责人需要安排日常值机维护人员定期对火灾报警系统及联动系统进行检查（设备重要检查需请具有相关资质的公司或人员进行）。同时如果旅馆消防设备定期检查和年检不合格，将面临停业整顿，给旅馆带来损失。综上所述，作为旅馆值机人员应该非常熟悉消防设备的日常检查和年检。主要包括两个方面：

1）消防设备的日常检查，包括设备每日检查、设备定期检查。

2）消防设备年检。

消防设备日常检查具体内容和消防设备年检具体内容如图 6-1 所示。

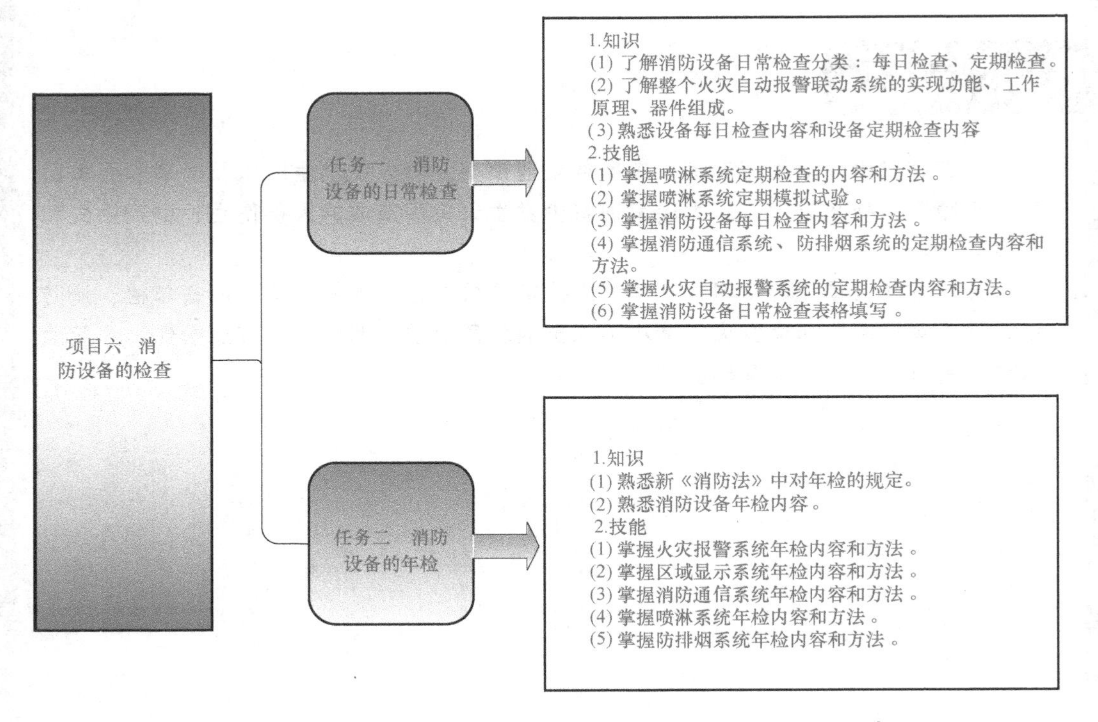

图 6-1 消防设备检查内容

任务一　消防设备的日常检查

※任务描述※

本任务中，要完成消防设备的日常检查工作，结合相关国家及行业标准，按照检查项目的要求对消防设备进行日常检查。

※任务分析※

消防检查，是消防工作的一个组成部分，是保证建筑消防设施在防、灭火中发挥作用的必要措施，是工程通过消防验收的重要依据。检查内容包括喷淋系统中各个设备能否正常工作；联动系统中末端装置的检查；火灾自动报警系统中各个探测器、报警控制器的检查。以确保这些设备可以正常工作，通常按照图6-2中的流程完成对旅馆内消防设备的日常检查。

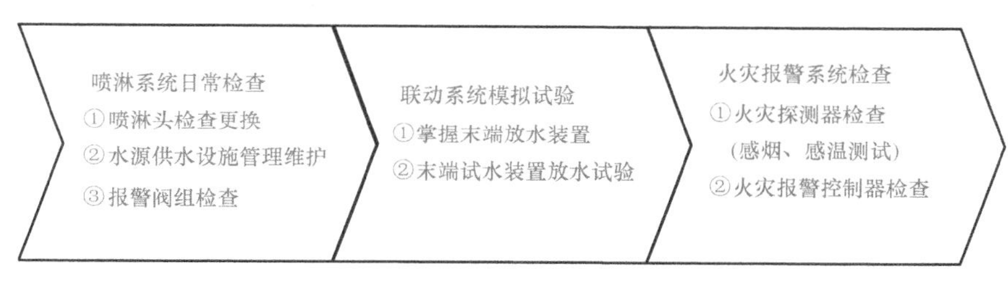

图6-2　日常检查流程

※相关知识※

消防设备作为火灾探测、火灾预警和火灾扑灭的执行者，其检查需要专业人员进行(一般委托当地火警进行例行检查)。维护人员需要了解《中华人民共和国消防法》等相关法律法规、消防系统的组成、消防设备日常维护内容。

一、消防系统组成

随着各类建筑的不断发展，建筑规模越来越大，层次越来越高，建筑的标准也越来越高。新建的各类大楼都具备人员密集、设备先进、功能多、装饰豪华等特点，因此，火灾自动报警和自动灭火系统已成为高层建筑不可缺少的重要组成部分。

操作、维护人员应熟练掌握火灾自动报警系统的结构、主要性能、工作原理和操作规程，对本单位报警系统的报警区域、探测区域的划分以及火灾探测器的分布应做到了如指掌，并经过专业培训取得上岗证，持证上岗。常见的火灾自动报警系统（图6-3）主要由报警系统（火灾探测器、手动报警按钮、主机）和联动系统（防排烟系统、喷淋系统）组成。

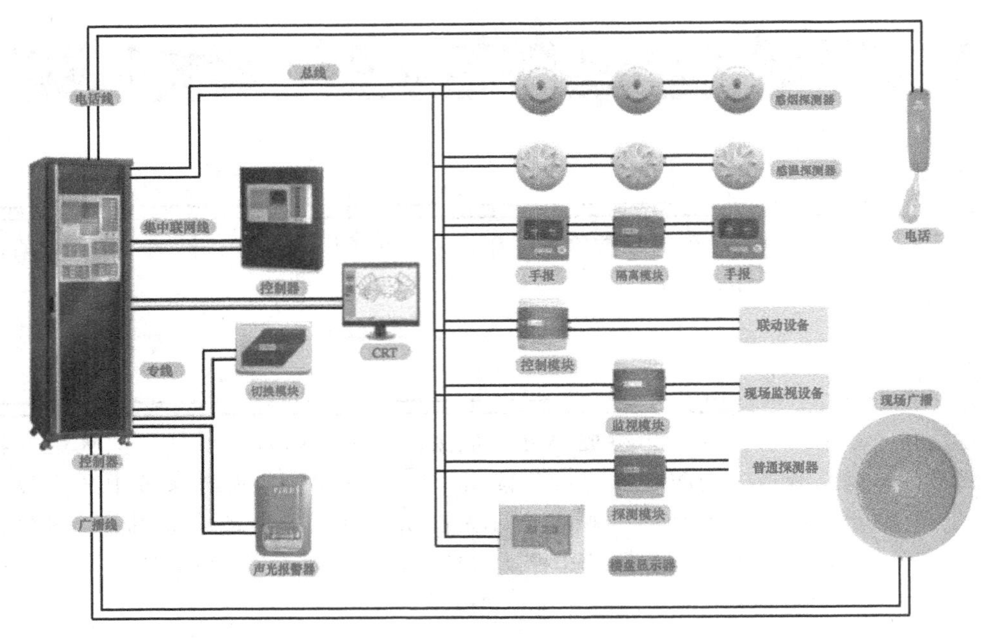

图 6-3　常见火灾自动报警系统示意图

二、喷淋系统定期维护

自动喷水灭火系统必须始终处于正常的工作状态，一旦发生火灾立刻就能发挥作用，减少火灾损失，而管理维护是保证自动喷水灭火系统能够正常发挥作用的关键一环。

1. 喷头的管理维护

每月应对喷头进行一次外观检查，发现有漏水、腐蚀、玻璃球变色或玻璃球内液体数量减少、喷头周围有影响喷头动作或洒水的障碍物等现象，应立即更换。发现喷头上有积滞尘埃，应及时将尘埃清除，以防尘埃引起隔热，影响喷头动作。更换喷头应使用专用扳手。

2. 水源及供水设施的管理维护

1）每年应对水源的供水能力进行一次测定，观察是否符合设计要求。消防水池、消防水箱及气压给水设备应每月检查一次。对消防储备水位及消防气压给水设备的气体压力、消防用水不被他用的保证措施进行检查，发现不能保证消防用水的情况立即报告，进行处理。

2）消防水泵平时应加强电机和泵体的日常维护，定期进行清洁和加注润滑油。消防水泵应每月手动起动运转一次。当消防水泵为自动控制起动时，应每月模拟自动控制的条件起动运转一次。消防水泵的起动试验：一是通过湿式报警阀上的压力开关起动消防水泵。打开末端试水装置放水，水流指示器、湿式报警阀、压力开关等信号装置显示信号正常，如消防水泵的控制柜处于自动工作状态时，消防水泵应能自动起动，并且水泵的流量特性参数符合设计要求。关掉主电源，主、备电源应能正常自动切换；二是用控制中心起动按钮起动消防水泵。通过控制中心的起动按钮起动时，消防水泵应能在规定时间内起动并投入正常运转。消防水泵的运转试验，每次不应少于 5min，并每隔 2 年对消防水泵进行解体检修。

3）消防、喷淋水泵接合器的接口及附件应每月检查一次，保证接口完好、无漏水、闷盖齐全，每年应利用消防泵做一次加压供水试验。

4）自动喷水灭火系统室外的控制阀门应每季度检查一次，核实处于工作状态。每月对系统上所有阀门进行一次检查，有损坏时及时修理，保证始终处于工作状态。

5）对系统内的设备、阀门、管道要定期巡检。

6）严禁向水池内投掷杂物，定期查看水质，水池每年夏季清扫一次。

7）冬天要进行消防管网的保暖工作。

3. 报警阀组的管理维护

报警阀应每月检查一次，试验其启动是否正常，动作失灵应及时更换。每个季度对报警阀旁的放水试验阀进行放水，验证系统的供水能力和压力开关、水力警铃的报警性能。每两个月应利用系统的末端放水装置放水，检验水流指示器动作是否正常。

三、喷淋系统定期模拟试验

维护人员需要定期对系统功能进行试验检查。通过末端试水装置放水，对系统功能进行检查，打开系统的末端试水装置后，系统应能正常显示如下功能：

1）报警阀动作，警铃鸣响。

2）水流指示器动作，消防控制中心有信号显示。

3）压力开关动作正常，信号阀开启，消防控制中心有信号显示。

4）消防水泵自动起动，消防控制中心有信号显示。

5）其他消防联动控制系统投入运行。

四、其他设备日常检查

1. 每日检查

值班人员每日应检查火灾自动报警系统及消防联动控制系统的功能是否正常，如发现不正常，应记录表格并及时处理，每日检查消防器材数量。

2. 月（季）试验和检查

1）按产品说明书的要求，试验火灾报警装置的感烟探测器和声光显示是否正常。

2）联动控制系统的下列消防控制设备，应采用自动或手动检查其控制显示功能是否正常：

① 正压送风设备、送风阀等控制设备。

② 室内消火栓、自动喷水灭火系统等的控制设备。

③ 火灾事故广播、火灾事故照明。

以上试验均应有信号反馈至消防控制室，且信号清晰。

3）消防通信设备应进行消防控制室与所设置的所有对讲电话通话试验，电话插孔通话试验，通话应畅通，语音应清楚。

4）检查所有的手动、自动转换开关，如电源转换开关、灭火转换开关、送风阀转换开关、警报转换开关、应急照明转换开关等是否正常。

5）进行强切非消防电源功能试验。

※任务实施※

任务实施步骤见表 6-1。

表 6-1　任务实施步骤

步骤	内　容	说　明
机具材料准备	1. 检查报表 2. 检查工具及耗材	1. 每日检查表格、消防联动系统检查表、火灾报警系统检查表 2. 检查电工箱、焊接套件、施工耗材
相关知识了解	1. 消防法规学习 2. 系统组成了解 3. 清楚探测器等器件安装位置	操作、维护人员应熟练掌握火灾自动报警系统的结构、主要性能、工作原理和操作规程，对本单位报警系统的报警区域、探测区域的划分以及火灾探测器的分布应做到了如指掌
喷淋系统检查	1. 喷淋头检查更换（同喷淋头安装） 喷淋头不得悬挂物品，如下图  2. 水源供水设施管理维护，消防水池清洗  3. 报警阀组检查 	1. 每月应对喷头进行一次外观检查，发现有漏水、腐蚀、玻璃球变色或玻璃球内液体数量减少、喷头周围有影响喷头动作或洒水的障碍物等现象，应立即更换 2. 消防水泵平时应加强电动机和泵体的日常维护，定期进行清洁和加注润滑油。消防水泵应每月手动启动运转一次。自动喷水灭火系统室外的控制阀门应每季度检查一次，核实处于工作状态。每月对系统上所有阀门进行一次检查，有损坏时及时修理，保证始终处于工作状态。严禁向水池内投掷杂物，定期查看水质，水池每年夏季清扫一次 3. 报警阀应每月检查一次，试验启动是否正常，动作失灵应及时更换。每个季度对报警阀旁的放水试验阀进行放水，验证系统的供水能力和压力开关、水力警铃的报警性能。每两个月应利用系统的末端放水装置放水，检验水流指示器动作是否正常。报警阀组检查对象包括湿式报警阀、延时器、水力警铃、信号蝶阀和末端放水装置

（续）

步骤	内　　容	说　　明
系统模拟试验	1. 末端试水装置放水 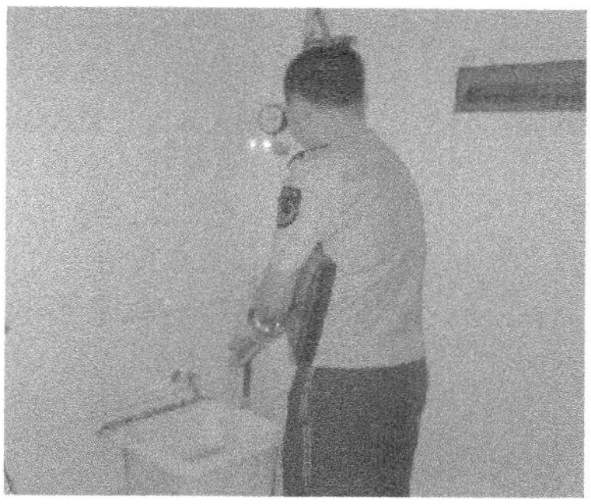 2. 末端试水装置示意图 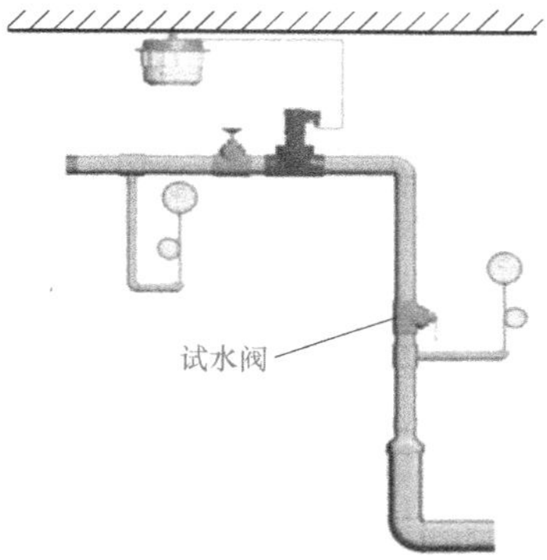 试水阀	维护人员需要定期对系统功能进行试验检查 通过末端试水装置放水，对系统功能进行检查，打开系统的末端试水装置后，系统应能正常显示如下功能：①报警阀动作，警铃鸣响；②水流指示器动作，消防控制中心有信号显示；③压力开关动作正常，信号阀开启，消防控制中心有信号显示；④消防水泵自动启动，消防控制中心有信号显示；⑤其他消防联动控制系统投入运行
火灾报警系统检查	1. 火灾探测器检查 	1. 火灾探测器投入运行后容易受污染，积聚灰尘，使可靠性降低，产生误报、漏报，因此，对火灾探测器应定期清洗，对容易受到污染的探测器，清洗周期宜短，不易受到污染的探测器，清洗周期可适当长些，但不管什么场合，火灾探测器投入运行两年后都应定期进行清洗

（续）

步骤	内　　容	说　　明
火灾报警系统检查	2. 报警控制器检查 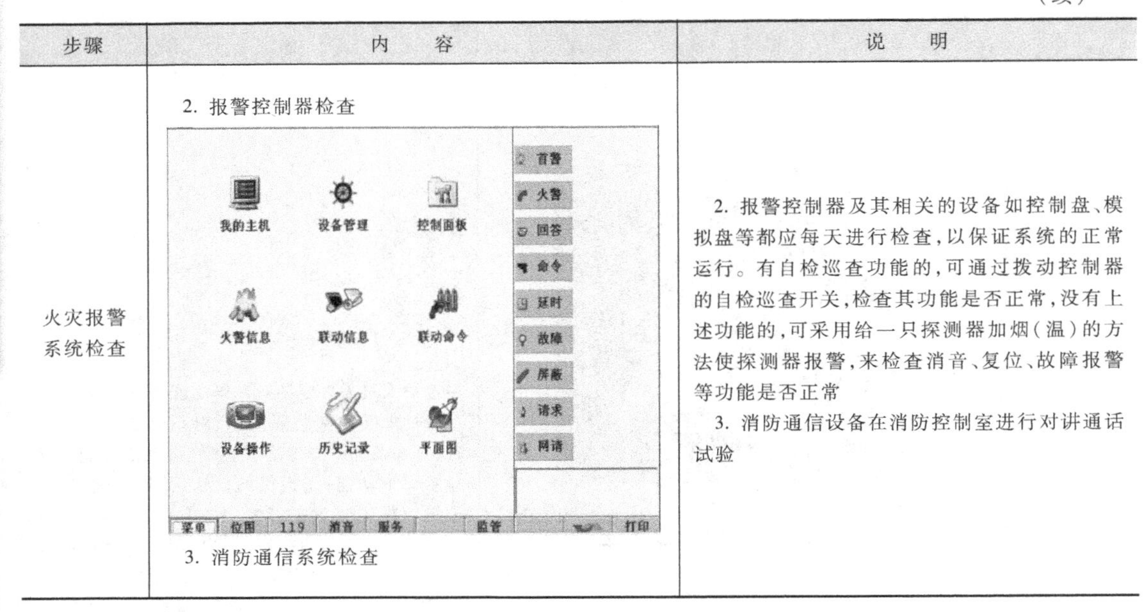 3. 消防通信系统检查	2. 报警控制器及其相关的设备如控制盘、模拟盘等都应每天进行检查，以保证系统的正常运行。有自检巡查功能的，可通过拨动控制器的自检巡查开关，检查其功能是否正常，没有上述功能的，可采用给一只探测器加烟（温）的方法使探测器报警，来检查消音、复位、故障报警等功能是否正常 3. 消防通信设备在消防控制室进行对讲通话试验

※任务检测※

1）根据消防联动系统检查表（表 6-2）的要求进行联动设备检查，并完成表格填写。

2）根据火灾自动报警系统日常检查及定期检查表（表 6-3）的要求进行火灾自动报警系统检查，并完成表格填写。

表 6-2　消防联动系统检查表

检查项目	检查标准	检查结果	备注
火灾报警功能	消防联动控制设备能接收来自火灾报警控制器或火灾触发器件的相关火灾报警信号，并发出声、光报警信号		
消音复位功能	消防联动控制设备处于火灾报警状态时，声报警信号能手动消除，光报警信号在消防联动控制设备复位前应予保持。消防联动控制设备应能手动复位		
故障报警功能	当消防联动控制设备内部或与其相连的部件间发生故障时，应能在 100s 内发出与火灾报警信号有明显区别的声、光故障信号		
显示与控制功能	能够显示报警部位		
	能够显示电源工作状态		
	控制电源。消防联动控制设备应能输出切断火灾发生区域的正常供电电源、接通消防电源的控制信号		
	控制室内消火栓系统。消防联动控制设备应能输出控制室内消火栓系统消防水泵的起动和停止的控制信号，接收反馈信号并显示其状态。应能显示起泵按钮所处的位置		

检查人（签字）　　　　日期

表 6-3　火灾自动报警系统日常检查及定期检查表

系统区域名称		检查人		检查日期	
主设备型号		数量		运行状态	

检查项目、质量标准、方法、依据及要求

序号	检查类型		检查设备	检查项目	检查方法	质量要求	检查依据	检查结果		存在问题
	日常	定期						合格	不合格	
1	●		探测器	探测器	消防主机信息检查	探测器无堵塞、无灰尘、无紧急维护警报				
2	●	●	探测器	指示灯	目测	每次点亮时间应不小于 0.25s，且探测器清洁	GB 16806—2006			
3		●	探测器	功能测试	用火灾探测器试验器向探测器施加火灾模拟信号	当监视区域发生火情，其烟雾响应参数达到预定值时，探测器应输出火灾信号，并保持至被复位	DB 15/353—2009			
4		●	探测器	功能测试	用火灾探测器试验器向探测器施加火灾模拟信号	红色报警确认灯应点亮，并保持至被复位	DB 15/353—2009			
5	●	●	手动报警按钮	外观	目测	手动报警按钮牢固、完好，有明显标志便于操作，且已清洁干净	DB 15/353—2009			
6		●	手动报警按钮	功能检查	测试	按下手动报警按钮，报警按钮应输出火灾报警信号，直到启动部位复原，报警按钮方可复位	DB 15/353—2009			
7	●	●	区域报警控制器	外观检查	目测	稳定、牢固，清洁干净				
8	●	●	区域报警控制器	指示灯	目测	控制设备设绿色的主电源指示灯。当在主电源的支持下工作时，该指示灯点亮	GB 16806—2006			

（续）

系统区域名称				检查人		检查日期				
主设备型号				数量		运行状态				
检查项目、质量标准、方法、依据及要求										
序号	检查类型		检查设备	检查项目	检查方法	质量要求	检查依据	检查结果		存在问题
	日常	定期						合格	不合格	
9	●	●	区域报警控制器	提示音	试听	控制器应设故障音响器件，当有故障发生时，故障音响器件发出故障声	GB 16806—2006			
10		●		显示器	目测	控制器在发现故障或火警时，将显示故障设备或报警设备的地址	GB 50116—2013			
11		●		蓄电池	测试	其容量应满足火灾报警控制器，正常工作24h后在最大负载下工作30min	GB 50116—2013			
12		●		消音、复位	测试	控制器实现其监管报警状态的消音与复位	GB 16806—2006			
13		●		电源转换	测试	当主电源断电时，能自动切换到备用电源；当主电源恢复时，能自动转换到主电源	DB 15/353—2009			
14	●		火灾自动报警系统联动控制柜	外观检查	目测	标志完好，指示灯正常闪烁，显示设备完好可显示重点部位模拟图或平面图，且已清洁干净	GB 50116—2013			
15		●		按钮、开关	测试	按钮、开关完好、有效、无损伤				
16		●		控制电源	测试	控制电源电压宜采用直流24V	GB 50116—2013			

17		●	火灾自动报警系统联动控制柜	水灭火弱电部分	测试	可实现手/自动转换和手动、自动灭火联动控制				
18		●		报警功能	测试	能直接或间接接收火灾报警信号，并发出声、光报警信号，在收到火灾报警信号后应在30s内发出联动控制信号，特殊情况下，延迟时间不应该超过10min	DB 15/353—2009			
19		●		电源转换	测试	当主电源断电时，能自动切换到备用电源；当主电源恢复时，能自动转换到主电源	DB 15/353—2009			
20		●		回路板	测试	干燥无潮湿现象，回路电压15V，绿灯常亮				
21		●	系统接地检查	设备接地	测试	采用专用接地时，接地电阻不应大于4Ω；共用接地时，接地电阻不应大于1Ω	GB 50116—2013			
22		●		回路绝缘	测试	导线对地应绝缘				

注：检查类型的日常检查和定期检查中的“●”为要检查的项目，日常检查即日常巡检，定期检查为按管理制度要求周期进行的检查。

任务二　消防设备的年检

※任务描述※

本次任务要完成消防设备的年终检查工作，要求按照相关标准，对消防设备进行细致的检查，确保设备可以正常工作，保证系统的运行稳定。

※任务分析※

《中华人民共和国消防法》第十六条规定对建筑消防设施每年至少进行一次全面检测，确保完好有效，检测记录应当完整准确，存档备查。这里的建筑消防设施包括火灾自动报警系统、自动灭火系统、消火栓系统、防烟排烟系统以及应急广播和应急照明、安全疏散设施等。

这里的检测机构一般是指具备自动消防系统维护保养资质的企业，但是如果单位较大，有较强的技术力量和人员的话，也可以自行承担这个任务。本任务中我们主要了解消防设备的年检。

※相关知识※

火灾报警系统年检的主要内容有以下几种。

1. 火灾报警主机年检

检测火灾报警主机应具有以下各种功能：

(1) 自检功能

(2) 消音功能

(3) 复位功能

(4) 故障报警功能

(5) 火灾优先功能

(6) 报警记忆功能

(7) 主备电源自动转换功能

2. 火灾探测器年检

(1) 烟感报警功能

(2) 温感报警功能

3. 区域显示系统年检

(1) 消音功能

(2) 故障报警功能

(3) 复位功能

4. 消防通信系统年检

(1) 消防广播应急播放功能
(2) 消防广播的广播功能
(3) 消防电话双方通话功能
(4) 消防广播多方通话功能
(5) 消防电话呼入功能
5. 消防喷淋系统年检
(1) 启动消火栓泵功能
(2) 启动喷淋泵功能
(3) 消火栓按钮报警功能
(4) 水流指示器报警功能
(5) 信号蝶阀报警功能
6. 防排烟系统年检
(1) 启动排烟风口功能
(2) 启动正压送风口功能

消防水带无使用年限规定；灭火器的使用年限为8年，其强制检测年限是5年；消防设施检测应为每年一次，详见公安部《建筑工程消防监督审核管理规定》。消防设施检测联系当地有资质的消防检测公司即可（这是各省、市、自治区消防部门的规定）。

※任务实施※

任务实施方法及内容同任务一中消防设备的日常检查，并完成消防系统年检报告的填写（表6-4）。

※任务检测※

根据消防联动系统检查表（表6-2）及火灾自动报警系统日常检查及定期检查表（表6-3）完成项目检查、表格填写以及表格存档。

表6-4 消防系统年检报告

序号	系统	设备	维护项目	检查	测试	维修	保养	情况说明
1	A	线路	检查维护					线路正常
2	A	探头	清洗更换、域值调整、功能试验					测试正常
3	A	探头	功能抽检					测试正常
4	A	可燃气体探测器	维护、更新					进行了清理和测试，正常
5	A	空气采样式探测器	维护、更新					进行了清理和测试，正常
6	A	模块	检查维护					进行了接线检查和测试，正常

（续）

序号	系统	设备	维护项目	检查	测试	维修	保养	情况说明
7	A	接线	检查维护					进行了线路测试，正常
8	A	手报	检查是否处于正常完好状态，试验手报检测数量不少于总数的30%					测试正常
9	A	手报	检查维护					进行了接线检查和测试，正常
10	A	中继器	功能检查维护					测试正常
11	A	消防紧急电话	插孔检查、维护通话试验					测试正常
12	A	主、备用电源	充放电试验					测试正常
13	A	备用电源	维护、更新					进行了维护测试，正常
14	A	系统	功能检查					功能完好
15	A	火灾报警器	自检功能、消音复位功能、保障报警功能、火灾优先功能、报警记忆功能、主备电源转换功能					测试正常
16	A	报警联动控制器	检查是否处于正常完好状态，自动或手动试验测试控制显示功能					测试正常
17	A	区域控制器	检查是否处于正常完好状态					测试正常
18	A	探测器	检查是否处于正常完好状态					测试正常
19	B	自动喷水灭火系统	模拟火警进行联动试验					测试正常
20	B	自动喷水灭火系统	按标准进行全点自检测					测试正常
21	B	消防水泵房	检查工作环境					环境符合要求
22	B	喷淋水泵	外部条件检查					外观完好
23	B	喷淋水泵	就地、远程、手动、自动启动试验					测试正常
24	B	电源控制柜	外部条件检查					外观完好
25	B	喷淋水泵盘车	检查					检查完好
26	B	轴承和填料函	检查					满足使用要求
27	B	仪表	检查					指示正常
28	B	管网	检查是否处于正常完好状态					工作正常

（续）

序号	系统	设备	维护项目	检查	测试	维修	保养	情况说明
29	B	阀门	检查是否处于正常完好状态					工作正常
30	B	储水设施	检查是否处于正常完好状态					工作正常
31	B	报警阀	检查是否处于正常完好状态					工作正常
32	B	雨淋阀	检查是否处于正常完好状态					工作正常
33	B	管网阀门及系统组件	检查是否处于正常完好状态					工作正常
34	B	喷头	检查和更换					工作正常
35	B	系统	进行自动、远程和就地手动启动试验、验证报警功能、自动启动功能和信号显示					测试正常
36	B	压力开关	利用防水装置放水、验证压力开关的报警功能、自动启泵功能和信号显示					测试正常
37	B	阀门	加油润滑					已保养
38	B	压力表	压力表校验,管网进行稳压检查					指示正常
39	C	消火栓灭火系统	模拟火警进行联动试验					测试正常
40	C	消火栓灭火系统	按标准进行全点自检测					测试正常
41	C	消防水泵房	检查工作环境					环境符合要求
42	C	消防水泵	外部条件检查					外观完好
43	C	消防水泵	就地、远程、手动、自动启动试验					测试正常
44	C	电源控制柜	外部条件检查					外观完好
45	C	消防水泵盘车	检查					检查完好
46	C	轴承和填料函	检查					满足使用要求
47	C	仪表	检查					指示正常
48	C	管网	检查是否处于正常完好状态					工作正常
49	C	阀门	检查是否处于正常完好状态					工作正常

（续）

序号	系统	设备	维护项目	检查	测试	维修	保养	情况说明
50	C	储水设施	检查是否处于正常完好状态					工作正常
51	C	主、备水泵电源	试验主、备电源切换功能					测试正常
52	C	泵	手动按钮启泵试验，每次消火栓出口动态压力					测试正常
53	C	消火栓	选择最不利点，试验消火栓出口动态压力					测试正常
54	C	管网	选择最不利点，试验管网静态压力					测试正常
55	C	阀门	管网、水泵接合器、室内消火栓系统的各种阀门加润滑油					已保养
56	C	压力表	压力表校验，管网进行稳压检查					指示正常
57	C	消火栓箱	设施检查					设施完好
58	D	消防广播	试验从背景音乐强切事故广播功能					测试正常
59	D	消防广播	按标准进行全点自检测					测试正常
60	D	广播扬声器	检查广播扬声器是否处于正常工作状态					测试正常
61	D	消防广播	消防广播质量试验，数量不少于 20%					测试正常
62	D	火灾应急广播	功能检查及测试					测试正常
63	D	选层广播	实验选层广播，抽检数量不少于 30%					测试正常
64	E	送风、排烟机房	检查工作环境及送风，检查送风口、排烟口送风是否处于正常完好状态					测试正常
65	E	电源柜	检查是否处于正常完好状态					测试正常
66	E	排烟机	检查是否处于正常完好状态					测试正常
67	E	排烟机	试验自动、手动方式启动排烟机					测试正常
68	E	送风机	试验自动、手动方式启动送风机					测试正常

（续）

序号	系统	设备	维护项目	检查	测试	维修	保养	情况说明
69	E	排烟口	试验自动、手动方式开启排烟口，检查送风量是否正常					测试正常
70	E	排烟天窗	试验自动、手动方式启动开启排烟天窗					测试正常
71	E	防火卷帘门	试验自动、手动方式启动开启防火卷帘门					测试正常
72	E	机械	机械动作部分加油润滑					已保养
73	E	电话插孔	检查电话插孔是否处于正常完好状态					测试正常
74	E	电话插孔	试验电话插孔的通话质量，抽检数量不少于总数的20%					测试正常
75	E	消防电源及切换设备	检查是否处于正常完好状态					测试正常
76	E	消防电源	试验消防电源的末端切换功能；切断非消防电源功能					测试正常
77	E	消防电梯	试验消防电梯的紧急迫降功能					测试正常
检查说明	—	—						

检查人【签名】 年 月 日	检查单位【盖章】 年 月 日
消防安全责任人或消防安全管理人【签名】 年 月 日	

注1：情况正常在“检查结果”栏中标注“正常”；“情况说明”栏中填写“正常”。

注2：发现的问题或存在故障应在“情况说明”栏中填写，并及时处理；其他需要说明的情况在“检查说明”栏中填写。

项目七
火灾应急事件的处理

※项目描述※

火灾应急事件处理预案有效地完善旅馆应急处理程序，细致规范安全事故的应急处理；细致规范应急方法，使旅馆全体员工掌握应急措施；提高员工的安全意识和安全救护技能；及时有效地对生产过程中发生的各种重大事故做出快速反应，采取适当措施最大限度地降低事故伤害程度，预案包括两个方面（图 7-1）。

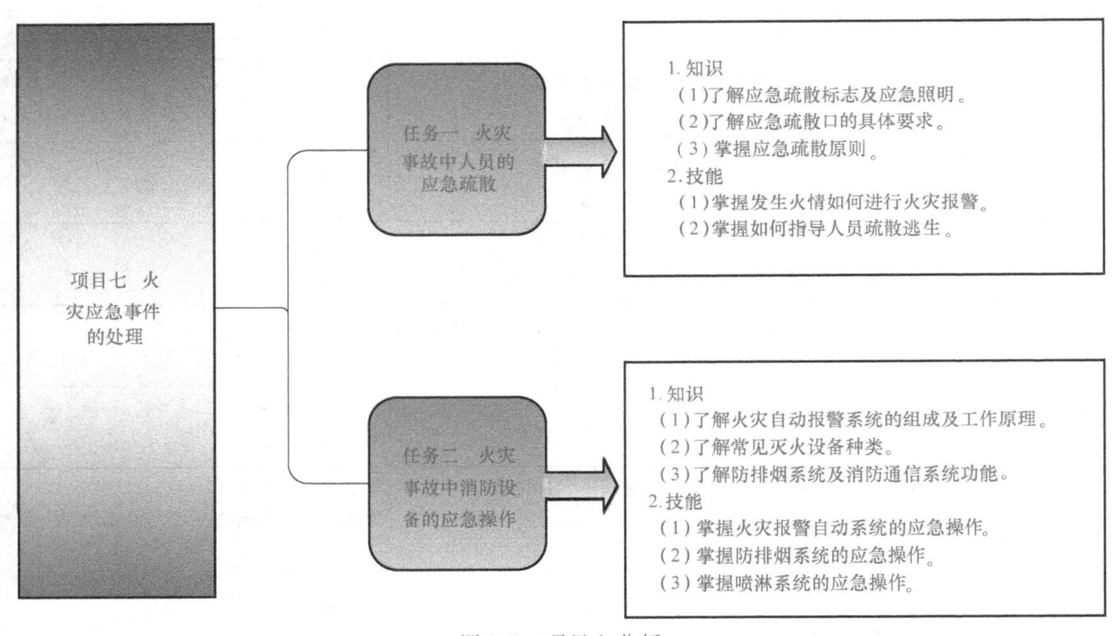

图 7-1 项目七分析

1）火灾事故中人员的应急疏散。
2）火灾事故中消防设备的应急操作。

任务一 火灾事故中人员的应急疏散

※任务描述※

在本任务中主要学习火灾事故中人员的应急疏散方法、疏散原则及人员逃生过程中的注意事项以及逃生技巧。

※任务分析※

火灾事故发生时，往往带来不可避免的人员伤亡情况，如何把人员的伤亡情况减到最低，就需要消防值机人员能够快速、妥善地进行人员疏散处理，根据火灾实际情况，按照应急预案进行人员疏散，减少不必要的损失。

※相关知识※

一、危险性分析

发生火灾等事故，可能对人员及财产的安全构成威胁，为了在发生安全事故时，保障人民群众的人身安全和减少财产损失，要及时疏导事故区域的人员，特制定此疏散方案。

二、应急照明和疏散指示标志

1. 事故应急照明

在疏散通道必要位置，设置事故应急照明灯，并保持使用有效。

2. 事故疏散指示标志

1）疏散指示标志应用箭头或文字表示，并在黑暗中发出醒目光亮，便于识别。

2）张贴应急疏散图，标明所在位置及疏散的方向。

三、应急疏散出口的要求

1）严禁在安全通道、安全出口、疏散通道上堆放杂物，保证其畅通无阻，在应急情况下，应随时启用应急疏散出口，及时疏导人员。

2）结合防火安全疏散的要求，设置足够数量的出口。

3）安全出口门应向外开启。

四、疏散原则

1）保护人员的生命安全及财产免受损失。

2）一切行动听从指挥。

3）必要时可损坏门窗等物逃生。

4）着火时，切记慌张乱跑，冷静看清着火方向，在狭窄通道不要拥挤，防止造成群死群伤。

※任务实施※

任务实施步骤见表 7-1。

表 7-1 任务实施步骤

方法	说明
确认发生火灾时，立即报警，并通知所在区域的相关负责人，立即进行疏散	1. 火灾报警电话 119 2. 报警时讲清火灾发生的具体地址 3. 讲清什么东西着火，火势怎样 4. 讲清报警人姓名、电话号码和住址
疏散人员用最快的速度通知现场无关人员按疏散的方向和通道进行疏散	1. 火灾时，由于有烟气，能见度差，现场指挥人员要保持镇定，稳定好人员情绪，维护好现场秩序，组织有序疏散，防止惊慌造成挤伤、踩伤等 2. 下层着火时，楼梯未坍塌的，采用低姿势迅速而下，有条件的可用湿毛巾堵住嘴、鼻，用湿毯子披围在身上，从烟火中冲出去 3. 高层着火时疏散较为困难，因此更应沉着冷静，不可采取莽撞措施，应按照安全出口的指示标志，尽快从安全通道和室外消防楼梯安全撤出，切记跳楼。火势确实太大无法逃生时，可躲避到走廊、阳台、平台上，或关闭房门用湿毛巾堵塞门缝防止烟火进入，并用水浇湿房门，等待救护人员的到来 4. 火灾时一旦人身上着火，应尽快将衣服撕碎扔掉，切记不能奔跑，那样会使火势越烧越旺，还会把火种带到其他场所。如旁边有水，立即用水浇湿全身，或用湿毯子等压灭火焰，着火者也可就地倒下打滚来压灭火焰
等待消防车到来期间可组织人员在保证安全的前提下灭火	根据不同的着火原因，可采取隔离法、冷却法、窒息法
当有关部门（如公安消防）到达火灾现场后，事故单位领导和工作人员主动汇报现场情况，指挥权上移后，积极协助做好疏散抢救工作	当救援队伍到达现场后，疏导人员若知道内部有人员未疏散出来，要迅速报告，介绍被困人员的方位、数量以及救人的线路

任务二　火灾事故中消防设备的应急操作

※任务描述※

在本任务中要学习火灾事故中消防设备的正确操作方法，包括火灾报警系统操作、消防通信系统操作、喷淋系统操作、防排烟系统操作等。

※任务分析※

消防设备的安装主要就是为了预防火灾的发生以及发生火情时能够抑制火灾的蔓延，及时进行灭火处理，那么在火灾发生时，能否正确处理消防设备是最关键的环节之一，及时正确操作消防设备，可以最大限度地减少火灾带来的损失；本任务就是模拟火灾的发生，完成消防设备的应急操作。

※相关知识※

一、火灾探测器的类型

根据火灾探测工作原理，可将火灾探测器分为以下5种类型：

1. 感烟式火灾探测器

它是对可见或不可见烟雾颗粒响应的一种火灾探测器，又可细分为离子感烟式、光电感烟式、激光感烟式等几种类型。

2. 感温式火灾探测器

它是对上升温度响应的一种火灾探测器，又可分为定温式、差温式、差定温式等几种类型。

3. 感光式火灾探测器

它是对火焰中可见或不可见的光辐射响应的一种火灾探测器，又可细分为红外感光式、紫外感光式等几种类型。

4. 复合式火灾探测器

它是对两种或两种以上火灾参数响应的一种火灾探测器，又可细分为感烟感温式、感烟感光式和感温感光式等几种类型。

5. 可燃气体探测器

它是对多种可燃气体浓度变化响应的一种火灾探测器。

二、火灾报警设备

火灾自动报警系统一般由多个区域报警盘和中央控制室构成。各个区域报警盘根据各个防火分区的划分而设置，与中央控制室连通。区域报警盘有的有人值守，如设在楼层的服务员办公室；有的则无人值守，属于智能型，它也由火灾探测器、报警信号设备、区域报警控制器、灭火及排烟设备及与中央控制室连通的装置构成。当某一区域火灾探测器将火灾信号传到区域控制盘时，该盘一方面发出声光报警信号，另一方面将此信号传输到中央控制室，使有关人员迅速采取相应措施。

三、灭火设备

常用的灭火设备有消火栓、给水装置、自动喷水灭火装置、喷淋灭火装置和各类小型灭火器。灭火设备的灭火介质有水、泡沫、二氧化碳、粉末和卤代烷等多种类型。各种灭火介质的适用范围各不相同，价格亦有所差异。以水为介质的灭火设备成本最低，但仅适用于纸、木屑、纺织品类引起的火灾。泡沫类灭火介质适用于易燃液体引起的火灾。以二氧化碳为介质的灭火设备适用于易燃气体引起的火灾。以粉末和卤代烷为介质的灭火设备适用范围最广但价格相对较高。各类灭火介质使用的范围见表7-2。

表7-2 灭火介质使用

适用火灾起因	水	泡沫	二氧化碳	粉末	卤代烷
纸、木屑、纺织品	√	√		√	√
易燃液体		√	√	√	√
易燃气体			√	√	√

（续）

适用火灾起因	水	泡沫	二氧化碳	粉末	卤代烷
电力危险			√	√	√
汽车				√	√

四、其他消防设施

为了防止火灾的蔓延扩大，应将火灾控制在一定范围内，各国消防部门都规定了防火分区的最大允许面积，在其分区内应具备以下设施：

1. 防火墙

防火分区是由防火墙构成的，一般不设门、窗、洞口。如必须设门、窗、洞口时，应设置耐火时间为 1.2h 的防火门、防火卷帘和防火窗等。一般用钢筋混凝土墙体作为防火墙，其耐火等级视墙的厚度而定。120mm 厚的钢筋混凝土墙极限可达 2.5h；180mm 厚的钢筋混凝土墙的耐火极限可达 3.5h。

2. 防火门

防火门是一种分隔物，酒店一般都采用钢板复合门。它采用优质冷轧钢板加工成型，门框料厚 1.5mm，门板厚 1mm，门体厚 4.5mm，门体内填芯，表面经防锈漆喷涂处理。

3. 防火阀

在通风空调系统的送回风总管及垂直风管，与每层水平风管交接处的水平支管上均应设防火阀。公共房间和内走道等部位的防火阀应当与火灾探测器联动。

4. 防火卷帘

防火卷帘由帘板、导轨、卷筒驱动机构和电器等部分组成，它用优质钢板等金属材料制成，能起到阻火阻烟的作用。

5. 消防楼梯和消防电梯

发生火灾时，为了防止火灾的垂直蔓延和断电，一般情况下客货电梯均降至首层不再启动。只有消防人员到达现场，才能将客梯中某部兼用作消防电梯。火灾发生时，楼梯成为垂直方向人员安全疏散的主要通道。楼道应设有送排烟设备，防止烟气侵入并及时排出。

6. 机械防排烟设备

防排烟的目的是在火灾发生时防止烟气侵入作为疏散通道的走廊和楼梯等处。机械防排烟设备可分为机械送风和机械排烟两种方式。

7. 火灾事故照明及疏散指示标志

酒店发生火灾时，必须切断相关电源，因此必须备有事故照明电源来指示人员紧急疏散的路线。事故照明供电时间应不小于 1h，照明设备应设于消防中心、消防电梯和前厅等地。人员疏散用照明应设置在太平门、走廊、楼梯和拐弯等处。疏散指示标志一般设在疏散通道、楼道和公共出口作为客人在火灾疏散时的向导。指示标志的间距不宜大于 20m。目前疏散指示标志都用灯光显示，白天与夜晚都十分醒目，停电时亦能使用。除光照引导疏散外，声音引导疏散的技术也在研究试用中。

※任务实施※

任务实施步骤见表 7-3。

表 7-3　任务实施步骤

设　备	说　明
烟感系统 	当发生火情报警时，确认楼层后，首先通知保安人员到报警层观察，同时与该层人员及时取得联系。若为火险立即按灭火作战方案处理，若为误报，请保安人员将区域报警进行复位，后将值班室内的集中报警器复位
防火卷帘门系统 	当楼群发生火警时，根据失火方位及火热大小，可采取隔离法，即降落相应的防火卷帘门，值班员可根据现场报告情况遥控降落，就近人员也可击碎报警按钮降落，若以上两种情况都不能降落（观察卷帘降落信号灯），可速派消防维修人员到当地打开锁匙开关强迫降落
排烟系统 	发生火灾时，值班员遥控打开该层及其上下层的排烟阀。若失控时，通知人员就地打开该层的排烟阀，这时排烟风机自动起动，起动信号灯亮。若风机不能自动起动，迅速转入手动位置起动，仍不能起动时迅速派人到风机房内强行起动
消火栓系统 	该系统是救火的主要设备之一，当进行该系统操作时，时刻监视该系统的消火栓报警信号。当灭火人员打碎就地的报警信号，消防中心得到该消火栓的报警按钮后，这时相应的消火栓泵自动起动，起泵信号灯亮。若不能自动起泵，应立即转入手动位置起动，仍不能起动时，速与水泵房人员联系，或派人到泵房强行起动

（续）

设　　备	说　　明
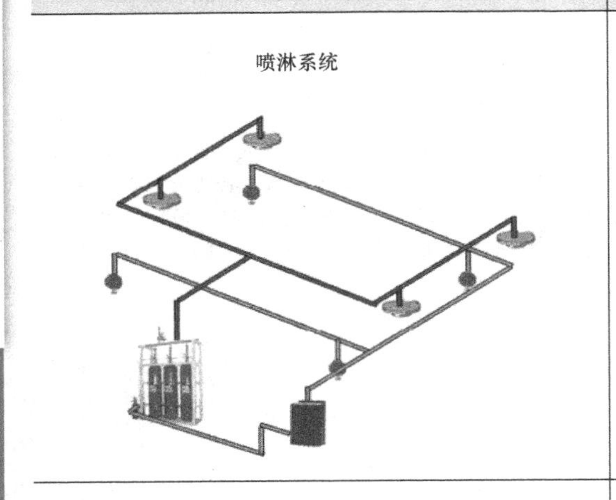	当某层发生火灾时，失火部位的花洒喷淋头爆破喷水，该层的水流指示器动作，监控中心得到该层的报警信号。值班员观察水位信号，水位降到下限，花洒泵自动起动，相应的起泵信号灯亮。若不能自动起泵，立即转入手动位置起动，仍不能起动时速派人到泵房强行起动
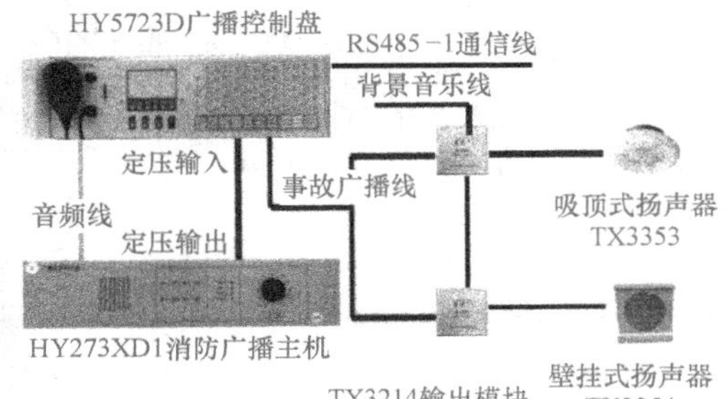	当需要启动紧急广播时，请严格按以下步骤操作： 1. 将消防控制室中紧急广播设备的扳手开关置于“ON”位置 2. 按下“F1”键，“叮咚”响声后便向被选定的区域播出 3. 按下“STOP”后再按下“F2”键。当磁带机中放入有关消防疏散的磁带后，该磁带便将如何进行人员疏散的内容不断向预选定的区域播出 4. 按“F3”键，此时，磁带机输出的有关人员疏散内容和消防指挥员现场指挥的信号并存同时播出 5. 如认为磁带信号妨碍现场指挥，可按下“STOP”后按两下“F4”键，于是被选定的区域中只有现场指挥员的命令可播出，其他信号一概终止，使用完毕将第1项中各开关全部复位

※任务检测※

任务检测内容见表7-4。

表7-4　任务检测内容

检测步骤	检测内容	备　　注
火灾自动报警系统操作	1. 火情查看确认 2. 报警主机消音复位 3. 手动报警按钮使用	自动报警系统常年运行，出现误报错报也是正常的
防排烟系统操作	1. 防火门操作 2. 排烟阀开起，排烟机开启 3. 防火阀关闭，送风机关闭	排烟阀、防火阀、风机在火灾发生时作为联动系统一般由报警主机控制自动起动，如无法自动启动则用手动起动
喷淋系统操作	1. 手动起动消火栓泵 2. 喷淋泵手动起动	同防排烟系统作为联动系统，在火情得到报警主机确认后，喷淋系统也会自动起动，如不能自动起动则用手动起动
消防通信系统	1. 消防电话使用 2. 进行紧急广播 3. 进行广播 MP3 播放	消防电话使用包括分机与主机双方通话、分机与主机或分机与分机多方通话、分机与分机双方通话

※学习单元小结※

（图 7-2）

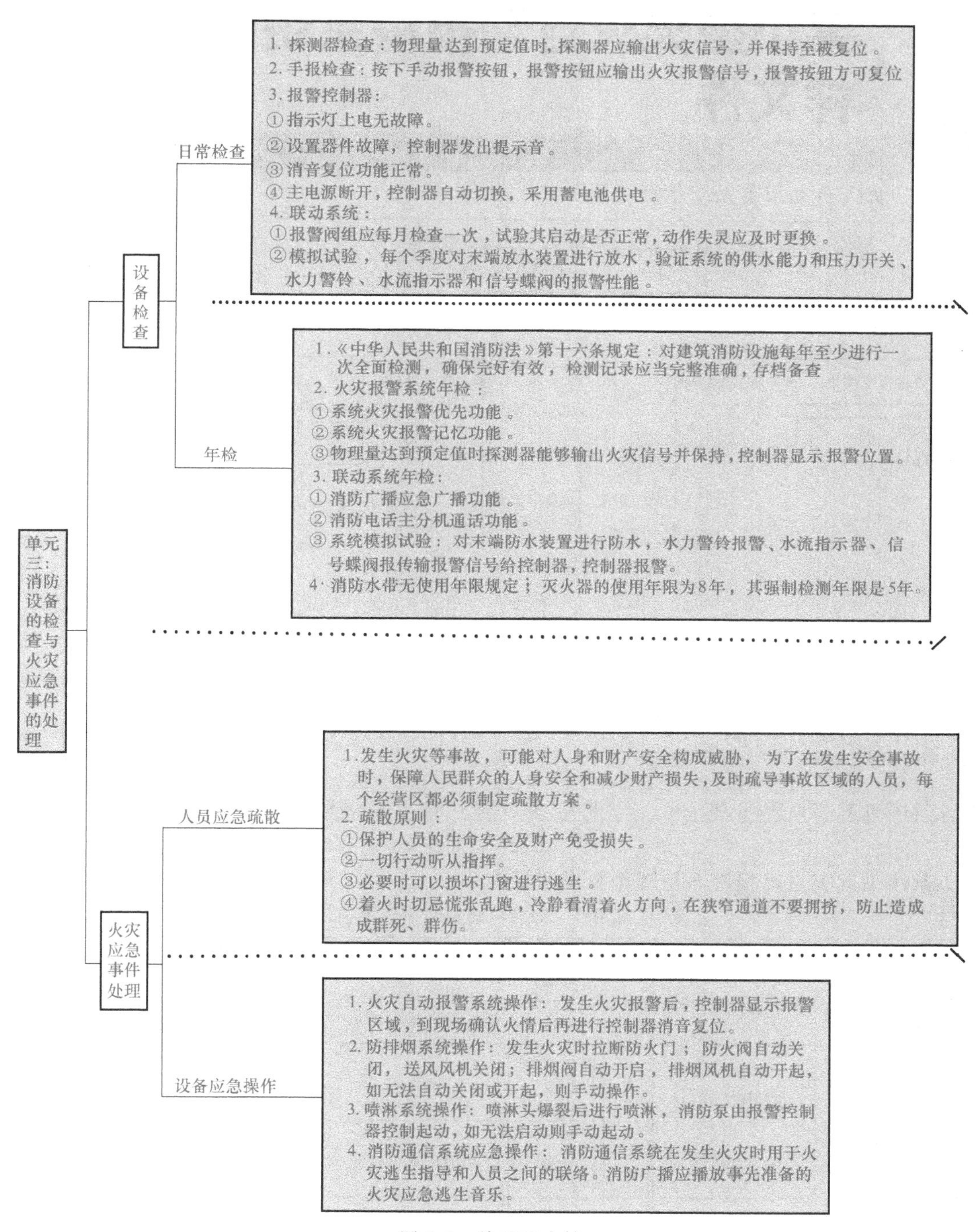

图 7-2　单元三小结

附录

某小型火灾自动报警系统图样文件

火灾自动报警系统示意图见图 A-1。

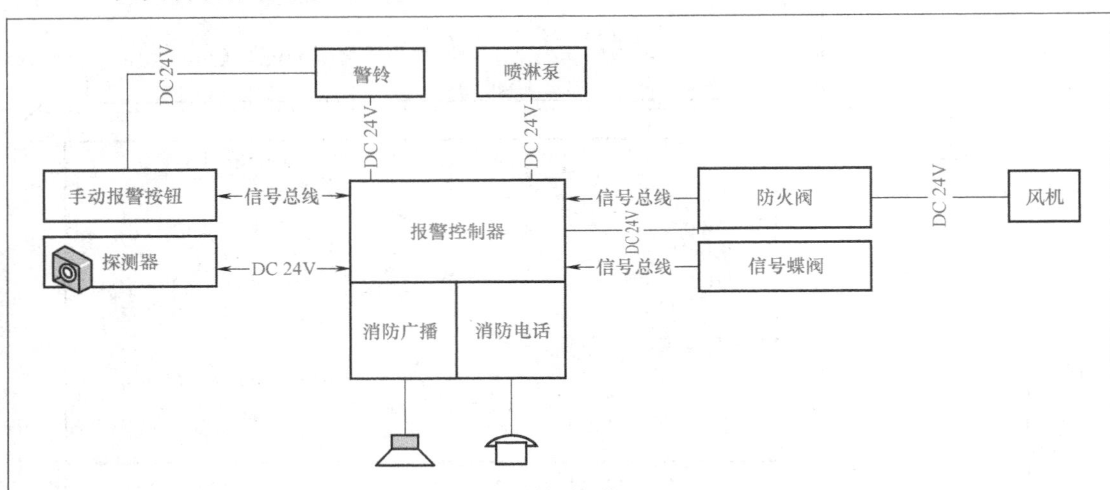

系统说明

本系统为小型旅馆火灾自动报警系统，系统分为报警和联动两大模块。报警模块：火灾感温探测器探测到温度上升，感烟探测器探测到烟雾颗粒，通过信号总线传输火灾信息给报警控制器。

报警控制器做出火灾报警；手动报警按钮被按下后，手动报警按钮通过信号总线传输信号给控制器，控制器报警，与此同时手报开启 DC 24V 电源总线给警铃上电，警铃预警。

消防联动模块：喷淋头随着温度升高爆裂喷淋，管网中走水被信号蝶阀检测到，信号蝶阀通过信号总线传输喷淋开启信号给控制器，控制器输出 DC 24V 开启喷淋泵；与此同时水流指示器检测管网水流流量并传输给控制器。

图 A-1　某小型火灾自动报警系统示意图

某小型火灾自动报警系统图例及说明见表 A-1。

表 A-1　火灾自动报警系统图例

序号	图例	名称	序号	图例	名称	序号	图例	名称
1		点型光电感烟探测器	5		吸顶式紧急广播扬声器	9	8305	编码消防广播模块
2		点型差定温火灾探测器	6	FHF	防火阀	10	PLB	喷淋泵控制箱
3		手动报警按钮	7	8300	编码单输入模块	11		水流指示器
4		总线制固定式消防电话	8	8304	总线制消防电话专用模块			

某小型火灾自动报警系统房屋平面图见图 A-2。

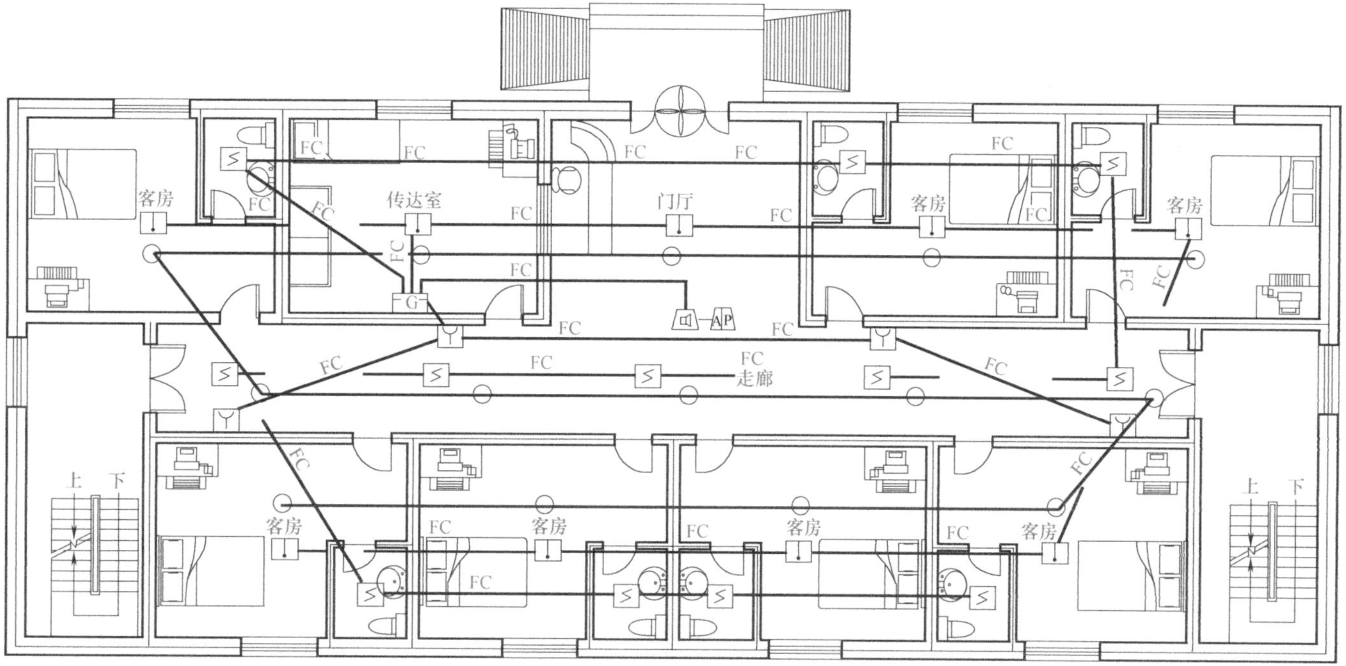

××建筑设计有限责任公司				工程名称	×××××大厦	工程号	
项目负责		专业负责		建设单位	×××××中心	图别	
专业审定		设计		图名	首层平面图	图号	
校对		制图				日期	

图 A-2　某小型火灾自动报警系统房屋平面图

某小型火灾自动报警系统电气接线图见图 A-3。

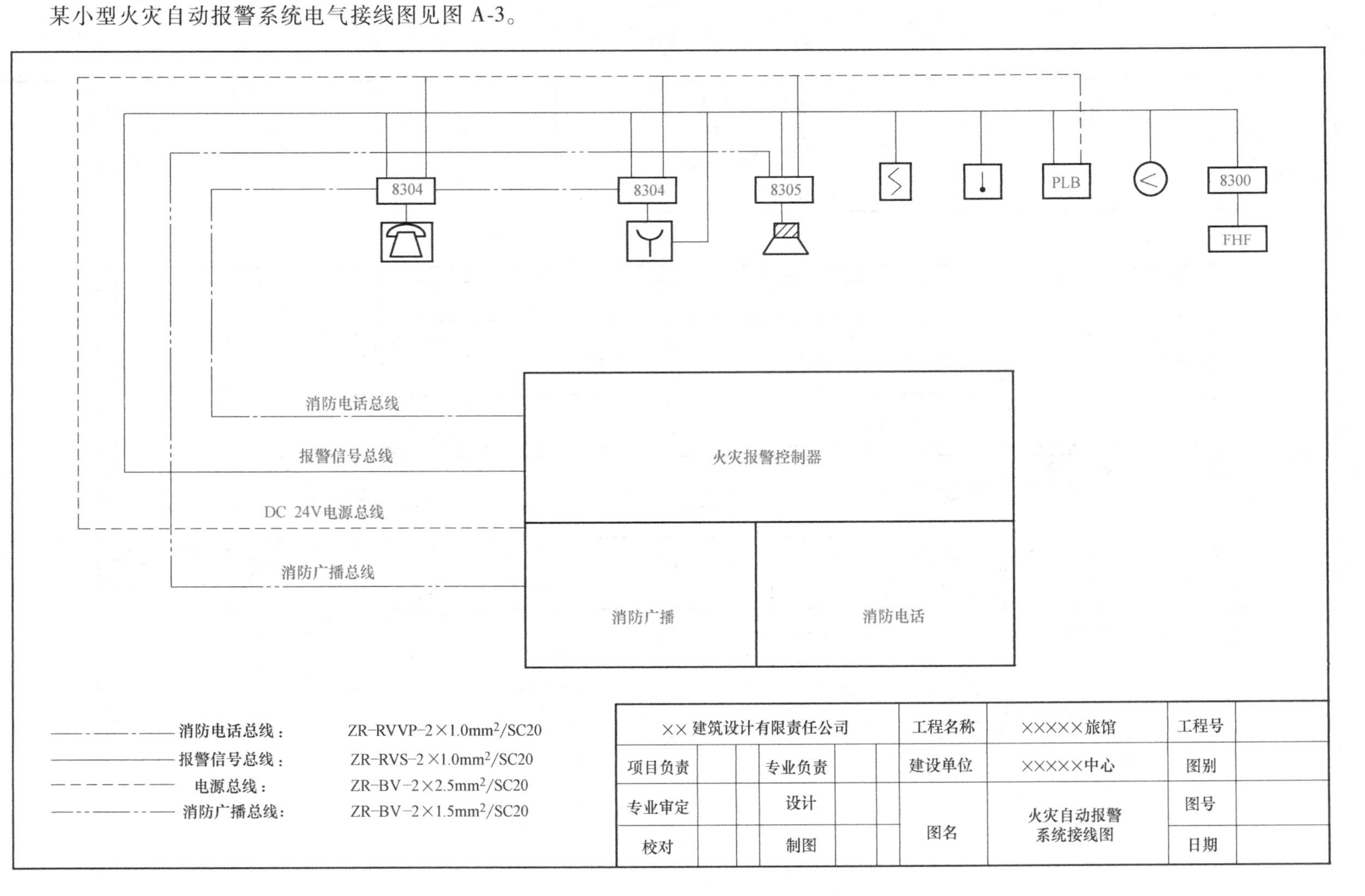

图 A-3 某小型火灾自动报警系统电气接线图

参考文献

[1] 杨连武. 火灾报警及消防联动系统施工［M］. 2版. 北京：电子工业出版社，2013.
[2] 陆文华. 建筑电气识图教材［M］. 上海：上海科学技术出版社，2003.
[3] 公安部沈阳消防研究所. GB 50166—2007. 火灾自动报警系统施工及验收规范［S］. 北京：中国标准出版社，2006.
[4] 黄浩忠. 火灾自动报警系统：简明设计手册［M］. 北京：中国建材工业出版社，2001.
[5] 徐鹤生，周连广. 消防系统工程［M］. 北京：高等教育出版社，2004.
[6] 李文武. 简明建筑电气安装工手册［M］. 北京：机械工业出版社，2002.